U0219368

常用花卉
彩色图谱

黄超群　屠娟丽　主编

中国农业大学出版社

·北京·

内 容 简 介

　　本书介绍了花卉的概念、常用分类方法、园林应用方式及长三角地区常见花卉 303 种（含变种、变型、品种）。本书各论部分每一部分植物的科、属为 APGIV 系统使用的科、属范围；按 *Flora of China*〔《中国植物志》（英文版），1994—2013〕科、属的先后顺序进行编排。学名及中文名的使用参考 *Flora of China*〔《中国植物志》〕等，栽培品种学名及中文名参考《上海植物图鉴》等。本书详尽地介绍了各种花卉的学名、科属、识别要点、生态习性、观赏特性及应用方式。全书共有 1 000 余张彩色、高清晰图片，包括植物整株图片及茎、叶、花、果等局部特写图片，力求全方位展现植物的形态特征。全书图文对照，描述详尽，可作为园林从业人员、园林园艺专业学生、植物爱好者进行花卉识别的工具书。

图书在版编目（CIP）数据

常用花卉彩色图谱 / 黄超群，屠娟丽主编. —北京：中国农业大学出版社，2019.7
ISBN 978-7-5655-2205-5

Ⅰ.①常…　Ⅱ.①黄…②屠…　Ⅲ.①花卉－图谱　Ⅳ.①Q94-64

中国版本图书馆CIP数据核字（2019）第 082035 号

书　　名	常用花卉彩色图谱		
作　　者	黄超群　屠娟丽　主编		
策划编辑	姚慧敏	**责任编辑**	姚慧敏
封面设计	郑　川		
出版发行	中国农业大学出版社		
社　　址	北京市海淀区圆明园西路 2 号	**邮政编码**	100193
电　　话	发行部 010-62733489,1190	**读者服务部**	010-62732336
	编辑部 010-62732617,2618	**出　版　部**	010-62733440
网　　址	http://www.caupress.cn	**E-mail**	cbsszs@cau.edu.cn
经　　销	新华书店		
印　　刷	涿州市星河印刷有限公司		
版　　次	2019 年 7 月第 1 版　　2019 年 7 月第 1 次印刷		
规　　格	787×1 092　16 开本　20.5 印张　510 千字		
定　　价	138.00 元		

图书如有质量问题本社发行部负责调换

编委会名单

主　编　黄超群（嘉兴职业技术学院）

　　　　屠娟丽（嘉兴职业技术学院）

参　编　周　金（嘉兴市园林绿化工程公司）

　　　　周素梅（嘉兴碧云花园有限公司）

　　　　费伟英（嘉兴职业技术学院）

前　言

　　狭义的花卉是指有观赏价值的草本植物；广义的花卉除指有观赏价值的草本植物外，还包括草本和木本的地被植物、花灌木、开花乔木以及盆景等。本书以草本花卉为主要研究对象，也包括温室木本花卉，讲述花卉的分类、形态特征、繁殖方法及应用方式等。本书介绍了花卉的概念、常用分类方法、园林应用方式及长三角地区常见花卉303余种（含变种、变型、品种）。本书各论部分每一章植物的科、属为APGIV系统使用的科、属范围；按Flora of China〔《中国植物志》（英文版），1994—2013〕科、属的先后顺序进行编排。学名及中文名的使用参考Flora of China〔《中国植物志》〕等，栽培品种学名及中文名参考《上海植物图鉴》等。本书详尽地介绍了各种花卉的学名、科属、识别要点、生态习性、观赏特性及应用方式。全书共有1 000余张彩色、高清晰图片，包括植物整株图片及茎、叶、花、果等局部特写图片，力求全方位展现植物的形态特征。全书图文对照，描述详尽，可作为园林从业人员、园林园艺专业学生、植物爱好者进行花卉识别的工具书。

　　本书作者长期从事观赏植物分类的教学和科研工作，经常深入到各类园林绿地中进行观赏植物资源调查，对植物的识别要点、生态习性、观赏特性及园林用途都非常熟悉，并在调查的过程中收集了大量图片，为本书的撰写收集了第一手资料。在本书编撰过程中，对选定花卉的识别要点进行了精炼的描述，并配有相应的细部图片，力求使读者能够根据主要识别特点轻易地识别植物。在书稿完成以后，还请专家、专业人员进行了多次审稿，确保图文准确无误。

　　本书为浙江省高职高专优势专业（园艺技术专业）建设项目中的一个子项目，编写过程中得到了浙江省教育厅及主编与各参编单位诸多领导的关注和支持，书中图片主要为主编和参编人员拍摄，还有部分图片是同事戚理敏和学生提供的，在此一并表示衷心的感谢。还要感谢我的女儿在本书编写过程中给予的帮助，她不仅给我提出了很多中肯的建议，还协助我拍摄了很多照片。

　　由于编者水平有限，本书在文字描述、图片拍摄等方面难免会存在疏漏和不足之处，恳请广大读者和老师批评指正。

黄超群

2019年1月19日于嘉兴

绪 论

露地一二年生花卉

露地宿根花卉

III

目录

露地球根花卉

露地水生花卉

露地多浆花卉

温室一二年生花卉

温室宿根花卉

V

目录

温室球根花卉

温室多浆花卉

温室亚灌木花卉

温室木本花卉

目录

兰科花卉

温室蕨类植物

参考文献

绪 论

一、花卉的含义

狭义的花卉是指有观赏价值的草本植物，如菊花、芍药、百合、香石竹等；广义的花卉除指有观赏价值的草本植物外，还包括草本和木本的地被植物、花灌木、开花乔木以及盆景等。很多分布于温暖地区的高大乔木和灌木，移植于北方寒冷地区，一般只能作温室盆栽观赏，如白兰、印度榕、南洋杉、散尾葵等。本书以草本花卉为主要研究对象，也包括温室木本花卉，讲述花卉的分类、形态特征、繁殖方法及应用方式等。

二、花卉的分类方法

花卉的种类极多，范围甚广，不但包括有花植物，还有苔藓和蕨类植物。其栽培应用方式多种多样。因此花卉分类由于依据不同，有多种分类法。有的依照自然科属分，有的依据其性状、习性、原产地、栽培方式及用途等分。下面介绍几种常用的分类方法。

（一）依据生态习性进行分类

这种方法是依据花卉的生态习性进行分类，使用最为广泛，可以将花卉分为露地花卉和温室花卉两大类。

1. 露地花卉。是指在当地自然条件下，能够完成其全部生长发育过程的花卉。根据生活史和习性又可分为以下5类。

（1）一年生花卉。在一个生长季内完成生活史的花卉。即从播种到开花、结实、枯死均在一个生长季内完成。通常春季播种，夏秋开花结实，然后逐渐枯死，故此类花卉常称为春播花卉。如鸡冠花、矮牵牛、万寿菊、百日草、一串红、半枝莲等。

（2）二年生花卉。在两个生长季内完成生活史的花卉。通常秋季播种，翌年春夏开花结实，故常称为秋播花卉。如三色堇、花菱草、虞美人、金盏菊、雏菊、金鱼草、须苞石竹等。

（3）多年生花卉。个体寿命超过两年，能多次开花结实的花卉。因其地下部分的形态有变化，可分2类。

① 宿根花卉。地下部分形态正常的多年生花卉。如芍药、玉簪、火炬花等。

② 球根花卉。地下部分变态肥大的多年生花卉。如郁金香、水仙、百合、唐菖蒲、番红花、美人蕉、大丽花等。

（4）水生花卉。在水中或沼泽地生长的花卉。依其对水分要求不同分为挺水花卉（如荷花）、浮水花卉（如睡莲）、漂浮花卉（如凤眼莲）和沉水花卉（如苦草）。

（5）岩生花卉。指耐旱性强，适合在岩石园栽培的花卉，如景天类。

2. **温室花卉**。是指在当地自然条件下不能完成全部生长发育过程，需要在保护条件下才能生长发育的花卉。通常分为以下几类：

（1）一二年生花卉。如瓜叶菊、荷包花、香豌豆、欧洲报春等。

（2）宿根花卉。如万年青、非洲菊、君子兰等。

（3）球根花卉。如仙客来、马蹄莲、小苍兰等。

（4）花木类。如龟背竹、一品红、变叶木等。

（5）水生花卉。如王莲、热带睡莲等。

（6）兰科花卉。依其生态习性不同，又可分为地生兰和附生兰两大类，地生兰类如春兰、蕙兰、建兰、墨兰、寒兰等；附生兰类如蝴蝶兰、石斛兰、万代兰等。

（7）多浆花卉。指茎叶具有发达的贮水组织，呈肥厚多汁变态状的植物。常见的有仙人掌科、景天科、大戟科、萝藦科、天门冬科等科植物。

（8）蕨类植物。如铁线蕨、鹿角蕨、巢蕨等。

（9）食虫植物。如猪笼草、瓶子草、茅膏菜等。

（10）凤梨科植物。如水塔花、筒凤梨等。

（二）依据观赏部位进行分类

1. **观花花卉**。植株开花繁多，花色鲜艳，花型奇特而美丽，以观花为主的花卉，如一串红、郁金香等。

2. **观叶花卉**。植株叶形、叶色具有较高观赏价值，以观叶为主的花卉，如龟背竹、花叶冷水花等。

3. **观茎花卉**。植株茎的形态独特，具有较高观赏价值，以观茎为主的花卉，如仙人掌、光棍树等。

4. **观果花卉**。植株果实性状奇特，果色鲜艳，挂果期长，以观果为主的花卉，如五彩椒、乳茄等。

5. **观根花卉**。植株根的形态奇特，具有较高观赏价值，以观根为主的花卉，如何首乌盆景等。

6. **观芽花卉**。植株芽的形态、颜色独特，以观芽为主的花卉，如银芽柳。

（三）依据应市时间进行分类

1. **春花类**。在2～4月期间盛开的花卉。如报春花类、郁金香、雏菊等。

2. **夏花类**。在5～7月期间盛开的花卉。如荷花、宿根福禄考、唐菖蒲等。

3. **秋花类**。在8～10月期间盛开的花卉。如大丽花、菊花等。

4. **冬花类**。在11月至翌年1月期间盛开的花卉。如一品红、蟹爪兰、墨兰等。

三、花卉的应用

（一）花卉在园林中的应用

1. **花坛**。花坛是一种古老的花卉应用形式，源于古罗马时代。花坛是指在具有几何形轮廓的种植床内，种植各种不同色彩的花卉，运用花卉的群体效果来体现图案纹样，或观赏盛花时绚丽景观的一种花卉应用形式。花坛常设置在建筑物的前方、交通干道中心、主要道路或主要出入口两侧、广场中心或四周、风景区视线的焦点及草坪上，主要在规则式布局中应用，有单独或多个带状及成群组合等类型。花坛根据表现的主题不同又可分为盛花花坛和模纹花坛两大类。

（1）盛花花坛。盛花花坛又称花丛花坛，主要由观花草本组成，表现盛花时群体的色彩美或绚丽的景观。其外部轮廓主要是几何图形或几何图形的组合，大小要适度，一般以8~10 m为度。内部图案要简洁，轮廓鲜明，体现整体色块效果。适宜作盛花花坛的植物要求株丛紧密，着花繁茂，在盛花时应完全覆盖枝叶，花期较长，开放一致，花色明亮鲜艳，有丰富的色彩幅度变化。如三色堇、一串红、金盏菊、金鱼草、万寿菊、孔雀草、百日菊、美女樱等。

（2）模纹花坛。模纹花坛主要由低矮、株丛紧密、生长缓慢、耐修剪的观叶植物或花叶兼美的花卉组成，表现群体组成的精美图案或装饰纹样。包括平面模纹花坛和立体模纹花坛。平面模纹花坛的外部轮廓以线条简洁为宜，内部纹样图案可选择的内容广泛，如工艺品的花纹或文字。模纹花坛多选用低矮细密的植物，如雏菊、环翅马齿苋、三色堇、孔雀草等。花坛中心宜选用较高大而整齐的花卉材料，如美人蕉、地肤、毛地黄、高金鱼草，也可用树木，如苏铁、雪松、凤尾兰等。立体模纹花坛常以骨架造型，在其表面种植花草以形成花篮、花瓶、动物或亭、桥等建筑小品的立体效果。立体模纹花坛常用植物材料有锦绣苋。

2. **花境**。花境是模拟自然界中林地、边缘地带多种野生花卉交错生长的情景，经过艺术处理而形成的形状各异、规模不一的自然式花带。花境多用于林缘、墙基、草坪边缘、路边坡地、挡土墙垣等处，花境边缘依据环境的不同可以是直线也可以是流畅的自由曲线。花境的植物材料以露地宿根、球根花卉为主，也可选用一些小灌木和露地一二年生花卉。

3. **花台**。花台又称高设花坛，是高出地面栽植花木的种植方式，类似花坛，但面积常较小。在庭院中做厅堂的对景或入门的框景，也有将花台布置在广场、道路交叉口或园路的端头以及其他突出醒目便于观赏的地方。花台可分为规则式和自然式两种：规则式花台外形有圆形、椭圆形、矩形、正多边形、带形等，常选择株形较矮、茎叶匍匐或下垂的花卉，如矮牵牛、美女樱、芍药等；自然式花台又称盆景式花台，常以松、竹、梅、杜鹃、牡丹等为主，配以山石、小草，重姿态风韵，不在于色彩的华丽，以体现艺术造型。

4. 篱垣及棚架。 草本蔓性花卉的生长较木质藤本迅速，能很快起到绿化效果，适用于篱棚、门楣、窗格、栏杆及小型棚架的掩蔽与点缀。许多草本蔓性花卉茎叶纤细，花果艳丽，装饰性较强。常用于园林的蔓性花卉有牵牛、茑萝、扁豆、香豌豆、观赏瓜、小葫芦等。

5. 水体绿化。 水体绿化包括水面的绿化和水边的绿化。

（1）水面绿化。常用的水面植物配置材料有荷花、睡莲、萍蓬草、芡实、田字苹、芦苇、水葱、风车草、纸莎草、梭鱼草、慈姑、泽泻等。

（2）水边绿化。水边植物的作用主要在于丰富岸边景观层次和色彩、增加水面倒影效果、突出自然野趣。规则式水边植物配置主要以比较低矮的植物少量配置，以体现规则式水边的线条和轮廓并且创造一种比较宽阔的视野。自然式大水面水边采用高大植物大量群植的栽植方式，形成优美的林冠线。

（二）室内花卉装饰

室内花卉装饰，指室内陈设物向大自然借景，将园林情调引入室内，在室内再现大自然景色，是一种具生命活力的装饰方式。它不仅是一项单纯的环境美化，而且可以净化空气，有益身心健康，陶冶情趣，还是一种文化艺术内容。

1. 盆花。 盆花是较大场所花卉装饰的基本材料，具有布置更换方便、种类形式多样、观赏期长，而且四季都有花开、适应性强等优点。盆花的主要应用形式有盆花花坛、垂吊式布置、正门布置、室内角隅布置、案头布置及窗台布置等。

（1）盆花花坛。多布置在大厅、正门内、主席台处。依场所环境不同可布置成平面式或立体式，但要注意室内光线弱，选择的花卉色彩要明丽鲜亮，不宜过分浓重。

（2）垂吊式布置。在室内高处摆放或悬吊枝条下垂的盆花，犹如自然下垂的绿色帘幕，长长短短，摇摇曳曳，十分美观。常用的花卉有：绿萝、常春藤、吊竹梅、紫竹梅、吊兰等。

（3）正门布置。多用对称式布置，常置于大厅两侧，因地制宜，可布置两株大型盆花，或成两组花卉布置。常用的花卉有苏铁、南洋杉、散尾葵、鱼尾葵、山茶等。

（4）室内角隅布置。角隅部分是室内花卉装饰的重要部位，因光线通常较弱，直射光较少，所以要选用一些较耐弱光的花卉，如鹅掌藤、棕竹、龟背竹、喜林芋等。大型盆花可直接置于地面，中小型盆花可放在花架上。

（5）案头布置。多置于写字台或茶几上，对盆花的质量要求较高，要经常更换，宜用中小型盆花，如君子兰、兰花、文竹、多浆植物、杜鹃花等。

（6）窗台布置。窗台布置是美化室内环境的重要手段。南向窗台大多向阳干燥，宜选择抗性较强的铁海棠、虎尾兰和仙人掌类及多浆植物，以及茉莉、米兰、君子兰等观赏植物；北窗台可选择耐阴的观叶植物，如常春藤、绿萝、吊兰和一叶兰等。窗台布置要注意适量采光及不遮挡视线为宜。

2. **切花**。指切取植物的茎、叶、花果，用于装饰的花卉。常见的有菊花、月季、香石竹、唐菖蒲、散尾葵、八角金盘、天门冬等。切花主要用于插花，有艺术插花和礼仪插花两种形式。

露地一二年生花卉

　　露地一年生花卉是指在一个生长季内完成生活史的露地花卉。通常春季播种，夏秋开花结实，然后逐渐枯死，故此类花卉常称为春播花卉。露地二年生花卉是在两个生长季内完成生活史的露地花卉。通常秋季播种，翌年春夏开花结实，故常称为秋播花卉。露地一二年生花卉生长周期短，种类繁多，品种丰富，株型整齐一致，群体效果好，栽培简单，是布置花坛的主要材料，也可用于布置花台、花境，部分种类还可盆栽或作切花观赏。

苋 科　　　　　　1　　扫帚菜
拉丁名：*Kochia scoparia* f. *trichophylla*

科属：苋科地肤属

形态特征：一年生草本，分枝繁多，丛生状，茎具条棱。单叶互生，叶片线形，秋季变红，花通常1～3朵生于上部叶腋，构成疏穗状圆锥状花序，花淡绿色，胞果扁球形。花期6～9月。

生态习性：适应性较强，喜光、耐干旱，对土壤要求不严格，较耐碱性土壤。

繁殖：播种繁殖。

园林用途：宜坡地草坪自然式栽植，也可用作花坛中心材料，或成行栽植为短期绿篱之用。

扫帚菜植株

扫帚菜开花植株

扫帚菜秋叶变红

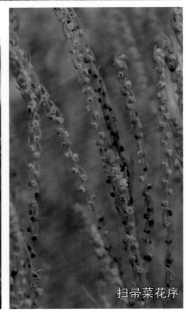
扫帚菜花序

科属： 苋科千日红属

形态特征： 丛生草本，全株密被细毛。单叶对生，椭圆形至倒卵形。头状花序球形，常1~3个簇生于长总梗端；花小而密生，主要观赏其坚纸质苞片，紫红色，淡紫色或白色等，干后不落，且色泽不退，仍保持鲜艳。花期6~10月。

生态习性： 喜光，耐炎热干燥气候，不耐寒，喜疏松而肥沃土壤。

繁殖： 常用播种繁殖。

园林用途： 可用作露地花坛花卉，也可盆栽。其花常制成干花，也可入药。

千日红红色花

千日红茎、叶、花

千日红白色花

千日红淡红色花

千日红园林

露地一二年生花卉

鸡冠花

拉丁名：*Celosia cristata*

科属：苋科青葙属

形态特征：一年生直立草本，茎光滑，有棱线或沟。单叶互生，卵状至线形，变化不一，全缘，基部渐狭。穗状花序大，顶生，肉质；中下部集生小花，花被膜质，5片，上部花退化，但密被羽状苞片；花被及苞片有黄、白、橙、红和玫瑰紫等色。叶色与花色常有相关性。胞果内含多数种子，成熟时环状开裂，种子黑色。花期8～10月。

生态习性：耐高温，不耐寒，喜光，喜疏松而肥沃的沙质壤土。生长迅速，栽培容易，可自播繁衍。

繁殖：播种。

园林用途：矮型及中型鸡冠花用于花坛及盆栽观赏。高型鸡冠花适宜用作花境及切花。

鸡冠花穗状花序

鸡冠花穗状花序

鸡冠花叶、花序

鸡冠花穗状花序

鸡冠花花序

科属：苋科青葙属

形态特征：为鸡冠花的栽培品种，全株多分枝而开展，各枝端着生疏松的圆锥状花序，多分枝。花色极多变化，有红、橙、黄、粉、白等，单色或复色。

生态习性：同鸡冠花。

繁殖：播种。

园林用途：凤尾鸡冠色彩绚丽，适合于花坛、花境、花丛种植，也可作切花用。

凤尾鸡冠植株

凤尾鸡冠花序

凤尾鸡冠园林应用

露地一二年生花卉

| 紫茉莉科 | 5 | 紫茉莉
拉丁名：*Mirabilis jalapa* |

科属： 紫茉莉科紫茉莉属

形态特征： 块根类球根花卉，常作一年生栽培，茎多分枝而开展，节部明显膨大。单叶对生，三角状卵形。花数朵集生枝端；总苞萼状，宿存；花萼花瓣状，漏斗形，缘有波状5浅裂；花色有紫、红、粉、黄、白及具斑点的复色；还有总苞边缘瓣化及矮型品种。从夏季至初秋开花不绝，花朵傍晚开放，芳香，翌晨凋萎，瘦果球形，黑色，表面具皱纹。

生态习性： 喜光、喜温暖，不耐寒；喜土层深厚、肥沃之地；性健壮，生长快。

繁殖： 播种，直根性，宜直播或尽早移苗。有自播繁殖能力。

园林用途： 宜林缘大片自然栽植，或房前屋后、篱旁路边丛植点缀；尤其宜于傍晚休息或夜间纳凉之地布置。

紫茉莉黄色花

紫茉莉瘦果

紫茉莉植株

茉莉叶、花

紫茉莉块根

科属：马齿苋科马齿苋属

形态特征：一年生草本，茎细弱，基部与上部等粗，有棱，平卧后上升。叶长圆状倒卵形，先端略急尖，稍肉质。花大，直径比叶长，花色丰富，还有花叶及半重瓣、重瓣品种；果实增大时基部有环翅。

生态习性：喜阳光充足、温暖、干燥的环境；在阴暗潮湿之处生长不良。

繁殖：播种、扦插。

园林用途：可用作花坛或花境材料，也可用于分车带绿化。

环翅马齿苋果实

环翅马齿苋黄色花

环翅马齿苋玫红色花

环翅马齿苋园林应用

环翅马齿苋杂色花

环翅马齿苋粉色花

环翅马齿苋红色花

环翅马齿苋重瓣花

马齿苋科　　　**7**　　　大花马齿苋
拉丁名：*Portulaca grandiflora*

科属：马齿苋科马齿苋属

形态特征：一年生草本，茎匍匐状或斜升，具束生长毛。叶圆棍状，肉质。花单生或数朵簇生枝端，花色丰富，还有半重瓣、重瓣品种。

生态习性：喜阳光充足、温暖、干燥的环境；耐干旱及瘠土，喜沙壤土，适应性强。

繁殖：播种、扦插。有一定自播繁殖能力。

园林用途：可用作花坛或花境花卉，亦可盆栽观赏。

大花马齿苋盆栽

大花马齿苋黄色花

大花马齿苋玫红色花

大花马齿苋粉色花

大花马齿苋橙色花

科属：罂粟科罂粟属

形态特征：二年生草本，茎细长、直立，全株被疏毛。叶有基生也有茎生，羽状深裂。花苞下垂，外被淡黄白色刚毛；花瓣薄而有光泽，基部有色斑；花色有白、粉、红等深浅变化，或具不同颜色的边缘。

生态习性：喜阳光充足的凉爽气候，耐寒；喜疏松肥沃、排水良好的沙质壤土。

繁殖：播种，虞美人为直根性，不耐移栽，故常采用直播栽培。

园林用途：直播于花境或花丛。

虞美人红色花

虞美人幼果

虞美人粉色花

虞美人花蕾

虞美人半重瓣花

虞美人植株

露地一二年生花卉

罂粟科	**9**	野罂粟 / 冰岛罂粟 拉丁名：*Papaver nudicaule*

科属：罂粟科罂粟属

形态特征：多年生花卉，常作二年生栽培，茎极短缩。叶全部基生；叶羽状浅裂、深裂至全裂。花单生于花葶上；花苞下垂，被黑褐色刚毛；花瓣褶皱，边缘具浅波状圆齿，基部无色斑；花色有白、黄、橙黄、红色等。

生态习性：喜阳光充足的凉爽气候；喜疏松肥沃、排水良好的沙质壤土。

繁殖：播种，常采用直播栽培或容器育苗移栽。

园林用途：直播于花境或花丛。

野罂粟白色花

野罂粟红色花

野罂粟园林应用

野罂粟盆栽

科属：罂粟科花菱草属

形态特征：多年生花卉，常作二年生栽培，直立或开展倾卧状。叶基生为主，数回掌状至羽状深裂至全裂，裂片线形至长圆形。花具长梗，纯黄色，日中盛开。栽培品种很多，花色有乳白、淡黄、橙、橘红、猩红、青铜色、浅粉色等，瓣基或背面颜色较深。有半重瓣及重瓣品种。

生态习性：喜阳光充足的凉爽气候；较耐寒，耐贫瘠干旱土壤。

繁殖：播种，能自播繁殖；直根性，不耐移栽，故常采用直播栽培。

园林用途：直播于花境或坡地，也可盆栽观赏。

花菱草淡黄色花

花菱草淡粉色带条纹花

花菱草园林应用

花菱草黄色花

花菱草盆栽

花菱草橙红色花

花菱草花苞

花菱草幼果

17

露地一二年生花卉

| 山柑科 | **11** | 醉蝶花
拉丁名：*Tarenaya hassleriana* |

科属： 山柑科醉蝶花属

形态特征： 一年生直立草本，具臭味和腺毛。掌状复叶，小叶5～7枚，矩圆状披针形，全缘，两面有腺毛。总状花序顶生，花瓣玫瑰紫色或白色，雄蕊6枚，较长；蒴果圆柱形。

生态习性： 喜光、耐半阴；喜温暖湿润气候，稍耐高温与干旱，不耐寒；以疏松、肥沃土壤为宜。

繁殖： 播种，自播能力强。

园林用途： 用于花坛或花境。

醉蝶花植株

醉蝶花花序

醉蝶花园林应用

科属：十字花科芸薹属

形态特征：露地二年生花卉，是食用甘蓝（卷心菜）的园艺变种。茎粗短，基部木质化，直立；叶莲座状着生于茎基部，倒卵形，宽大，被白粉，叶缘皱褶，不包心结球。园艺品种形态多样，按高度可分为高型和矮型；按叶的形态分皱叶、不皱叶及裂叶等；内叶颜色有紫红、红、淡绿、白色等，是观赏的主要性状。总状花序顶生，花淡黄色。

生态习性：喜阳光充足，凉爽的环境，耐寒；宜疏松肥沃、排水良好的土壤，极喜肥。

繁殖：播种。

园林用途：是春季花坛的重要花卉，也可盆栽观赏。

羽衣甘蓝

羽衣甘蓝开花植株

羽衣甘蓝

羽衣甘蓝

羽衣甘蓝

羽衣甘蓝园林应用

羽衣甘蓝

羽衣甘蓝

羽衣甘蓝画框栽培

露地一二年生花卉

科属：十字花科香雪球属

形态特征：多年生花卉，常作二年生栽培。植株矮小，多分枝而匍匐，茎具疏毛，叶披针形或线性，全缘。总状花序，顶端花朵密集呈头状，花小，白色或淡紫色，单瓣或重瓣，有淡香。

生态习性：喜阳光充足，略耐阴，稍耐寒；喜疏松肥沃的土壤，略耐干旱瘠薄。

繁殖：播种。

园林用途：宜作花坛、花境边缘布置，还可布置岩石园及盆栽观赏。

香雪球盆栽

香雪球植株

香雪球花序

紫罗兰
拉丁名：*Matthiola incana*

科属： 十字花科紫罗兰属

形态特征： 多年生花卉，常作二年生栽培。茎直立，多分枝，基部稍木质化。叶倒披针形，全缘或呈微波状，顶端钝圆，基部渐狭成柄。总状花序顶生和腋生，花有香气，花瓣紫红、淡红、淡黄或白色，近倒卵形，顶端浅2裂或微凹，边缘波状，单瓣或重瓣；长角果。花期12月至翌年4月。

生态习性： 喜冷凉气候，耐寒性强，忌燥热。喜阳光充足，也稍耐半阴。要求肥沃湿润及深厚的壤土。

繁殖： 播种。

园林用途： 是春季花坛的重要花卉，同时也是优良的切花材料，还可盆栽观赏。

紫罗兰淡粉色花

紫罗兰紫红色花

紫罗兰红色花

紫罗兰重瓣花

紫罗兰花

紫罗兰重瓣花

紫罗兰重瓣花植株

紫罗兰叶、花序

21

露地一二年生花卉

十字花科　15　诸葛菜／二月蓝
拉丁名：*Orychophragmus violaceus*

科属：十字花科诸葛菜属

形态特征：二年生花卉。茎直立，基生叶和茎下部叶大头羽状分裂；茎中上部叶片卵形、狭卵形或长圆形，基部两侧耳状抱茎，无叶柄。总状花序顶生，花瓣淡紫红，倒卵形或近圆形，有细密脉纹。长角果线形，有4棱。花期3～5月。

生态习性：耐寒、较耐阴，不耐炎热，对土壤要求不严。

繁殖：播种，有很强的自播繁殖能力。

园林用途：常成片种植于落叶林下作地被。

诸葛菜园林应用

诸葛菜花序

诸葛菜基生叶

诸葛菜花

诸葛菜植株

科属：豆科羽扇豆属

形态特征：多年生草本，常作二年生栽培。高达1 m，茎直立，分枝成丛，全株无毛或上部被稀疏柔毛。掌状复叶，小叶5～18枚；叶柄远长于小叶；小叶椭圆状倒披针形。总状花序远长于复叶；花多而稠密，互生；花冠蓝色至堇青色。荚果长圆形，密被绢毛。花期6～8月。

生态习性：喜凉爽气候，较耐寒，略耐阴，不耐炎热，要求酸性土，在中性或微碱性土中生长极度不良。直根性，不耐移植。

繁殖：播种。

园林用途：宜作花境背景或在草坪丛植，也可盆栽或作切花观赏。

多叶羽扇豆

多叶羽扇豆

多叶羽扇豆

凤仙花科 17 凤仙花

拉丁名：*Impatiens balsamina*

科属： 凤仙花科凤仙花属

形态特征： 一年生草本。茎粗壮，肉质，下部节常膨大。叶互生，最下部叶有时对生；叶片披针形、狭椭圆形或倒披针形，边缘有锐锯齿。花单生或2~3朵簇生于叶腋，无总花梗，白色、粉红色或紫色，单瓣或重瓣；唇瓣深舟状；旗瓣圆形，顶端具小尖，翼瓣2裂，下部裂片小，上部裂片近圆形，先端2浅裂。蒴果宽纺锤形，两端尖，密被柔毛。种子多数，圆球形，黑褐色。花期6~8月。

生态习性： 喜炎热而畏寒冷，需阳光充足。要求深厚肥沃土壤，但在瘠薄土壤中也可生长。生长迅速。

繁殖： 播种。易自播繁衍。

园林用途： 可作花坛、花境、花篱栽植，矮小而整齐的也可作盆花。

凤仙花淡紫色花

凤仙花果实

凤仙花白花

凤仙花茎、叶、花

凤仙花园林应用

科属：堇菜科堇菜属

形态特征：多年生草本植物，常作露地二年生花卉栽培，植株低矮丛生，全株光滑无毛，茎多分枝。叶有长柄，矩圆状卵形或宽披针形，叶缘疏生钝锯齿，托叶宿存，羽状深裂，花单生于叶腋，花梗细长，花梗上半部分有2个对生的卵状三角形小苞片。花冠平，两侧对称，花径3.5～6 cm；上方两花瓣常单色，侧方及下方花瓣常为3色，有紫色条纹，侧方花瓣里面基部密被须毛，下方花瓣的距较细；柱头膨大，呈球状，前方具较大的柱头孔。园艺品种多，花色丰富。花期1～6月。

生态习性：较耐寒，喜凉爽环境，略耐半阴，炎热多雨的夏季常发育不良。要求肥沃湿润的沙壤土，在贫瘠地品种显著退化。

繁殖：播种。

园林用途：是冬春季节优良的花坛、花境及镶边植物，也是非常受欢迎的盆栽花卉。

三色堇吊盆栽培

三色堇花

三色堇花

三色堇花

三色堇花

三色堇花

三色堇花

三色堇花

三色堇托叶

三色堇花

堇菜科　　**19**　　角堇
拉丁名：*Viola cornuta*

科属：堇菜科堇菜属

形态特征：多年生草本植物，常作露地二年生花卉栽培。茎、叶等形态特征跟三色堇非常相似，只是花较小，直径2.5～4 cm，花色丰富。

生态习性：同三色堇。

繁殖：播种。

园林用途：同三色堇。

角堇

角堇

角堇

角堇

角堇盆栽

角堇

科属：夹竹桃科长春花属

形态特征：多年生常绿草本，常作露地一年生栽培。茎近方形。叶对生，中脉白色。聚伞花序腋生或顶生，有花2~3朵；花冠白色、红色及玫红色等，高脚碟状，5裂。蓇葖果双生，直立。花期春至深秋。

生态习性：喜湿润的沙质壤土。要求阳光充足，但忌干热，故夏季应充分灌水，且置略阴处开花较好。

繁殖：播种，有一定自播繁殖能力。

园林用途：常用于布置花坛，也可盆栽观赏。

长春花

长春花植株

长春花园林应用

长春花蓇葖果

长春花花、叶

长春花

长春花盆栽

长春花粉色花

旋花科 · 21 · 茑萝

拉丁名：*Ipomoea quamoclit*

科属： 旋花科番薯属

形态特征： 一年生缠绕草本，叶羽状全裂，裂片狭线形，整齐。聚伞花序腋生，着花1至数朵，花径1.5～2 cm，花冠鲜红色，高脚碟状，呈五角星形，筒部细长。还有纯白及粉花品种。

生态习性： 喜阳光充足及温暖环境，对土壤要求不严。

繁殖： 播种，因直根性，需直播或小苗时及早移栽。

园林用途： 可作矮篱及小型棚架的绿化美化，也可作地被花卉用，任其爬覆地面。

茑萝植株

茑萝应用

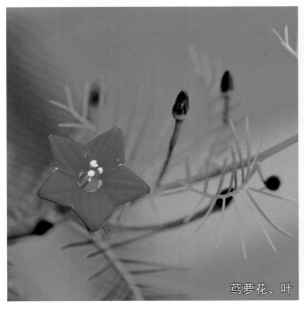

茑萝花、叶

茑萝粉色花

科属：旋花科番薯属

形态特征：一年生缠绕草本，叶羽状深裂而近掌状，裂片长而锐尖；聚伞花序腋生，花径 2~2.5 cm，花冠红色，高脚杯状，花冠边缘较平滑。

生态习性：同茑萝。

繁殖：同茑萝。

园林用途：同茑萝。

葵叶茑萝茎、花

葵叶茑萝

葵叶茑萝叶、花

旋花科 23 牵牛
拉丁名：*Ipomoea nil*

科属：旋花科番薯属

形态特征：一年生缠绕草本，叶常3裂，裂深达叶片中部。花1～3朵腋生；花冠漏斗形，花色有堇蓝色、玫红色或白色等。花期5～10月。

生态习性：性强健，耐瘠薄及干旱，喜光。

繁殖：播种繁殖。直根性，宜直播或尽早移植。

园林用途：常用作棚架、篱垣的美化，也可作地被种植。

牵牛

牵牛园林应用

牵牛

牵牛

科属：旋花科番薯属

形态特征：一年生缠绕草本。叶圆心形，通常全缘，偶有3裂，两面疏或密被刚伏毛。花腋生，单朵或2~5朵着生于花序梗顶端成伞形聚伞花序；花冠漏斗状，紫红色、蓝色或白色，花冠管通常白色；雄蕊与花柱内藏。花期5~10月。

生态习性：喜光，喜温暖，不耐寒，耐干旱瘠薄，对土壤无严格要求。

繁殖：播种。

园林用途：同牵牛。

圆叶牵牛叶

圆叶牵牛

圆叶牵牛叶、花

科属： 唇形科鞘蕊花属

形态特征： 多年生草本植物，常作露地一年生栽培。茎四棱形，单叶对生，叶卵形，边缘有圆钝锯齿，叶面有淡黄、桃红、朱红、紫等色彩鲜艳的斑纹。顶生总状花序，花小，浅蓝色或浅紫色。

生态习性： 喜温热、向阳的环境及湿润肥沃土壤。

繁殖： 播种或扦插繁殖。

园林用途： 可作花坛植物材料，也可盆栽观赏。

彩叶草

彩叶草盆栽

彩叶草园林应用

彩叶草

彩叶草花序

科属：唇形科紫苏属

形态特征：露地一年生直立草本。全株被长柔毛；茎四棱形，具四槽；叶卵形，侧脉略弧形，边缘在基部以上有粗锯齿，绿色或紫色。轮伞花序组成顶生及腋生总状花序；花萼钟形，花冠白色至紫红色，二唇形。花期8～11月，果熟期8～12月。

生态习性：适应性很强，对土壤要求不严，在肥沃的土壤上栽培生长良好。

繁殖：播种。

园林用途：可作花坛、花境植物材料。

紫苏植株

紫苏花序

紫苏花

33

唇形科　　　　　　　　**27**　　　　　　　一串红
拉丁名：*Salvia splendens*

科属：唇形科鼠尾草

形态特征：多年生亚灌木状草本，常作一年生栽培。茎钝四棱形，具浅槽。叶对生，叶片卵圆形，边缘具锯齿。轮伞花序具花2～6朵，组成顶生总状花序；苞片卵圆形，红色，在花开前包裹着花蕾；花萼钟形，红色，二唇形，唇裂达花萼长1/3；花冠红色，冠筒筒状，直伸，冠檐二唇形，上唇直伸，略内弯，下唇3裂。花有各种颜色，由大红至紫，以及白色。花期3～10月。

生态习性：喜阳光充足但也能耐半阴，不耐寒。喜疏松肥沃土壤。

繁殖：播种或扦插。

园林用途：常作花坛的主体材料，也可自然式种植于林缘，还可盆栽观赏。

一串红

一串红粉色花

一串红紫色花

一串红白花

科属：茄科辣椒属

形态特征：多年生草本，常作一年生栽培。茎基部木质化，单叶互生，叶片卵形至长圆形，全缘。花小，白色，单生叶腋。果实直立或稍斜出，果实在成熟过程中果色由绿转白、黄、橙、紫、红等色。果形有卵形、圆球形或扁球形。果熟期7～10月。

生态习性：喜阳光充足，不耐寒，耐干热气候。

繁殖：播种繁殖。

园林用途：盆栽或作花境植物材料。

五彩椒植株

五彩椒花、果

五彩椒盆栽

五彩椒果实

科属： 茄科碧冬茄属

形态特征： 多年生草本，常作一年生栽培。全株具黏毛。茎直立或倾卧。叶较宽，卵形至匙形，全缘，上部对生，下部多互生。花单生叶腋或枝端；萼5深裂；花冠漏斗状，直径超过5 cm；先端具波状浅裂。栽培品种很多，花型及花色多变，有单瓣、重瓣品种，瓣缘皱褶或呈不规则锯齿；花色有白、粉、红、紫、堇至近黑色以及各种斑纹。花期6～9月。

生态习性： 喜温暖，不耐寒，干热的夏季开花繁茂。忌雨涝，好疏松肥沃、排水良好的微酸性土壤。要求阳光充足。

繁殖： 播种或扦插繁殖。

园林用途： 适于花坛及自然式布置，也可盆栽观赏。

碧冬茄

碧冬茄

碧冬茄重瓣花

碧冬茄叶、花

碧冬茄园林应用

碧冬茄

36

科属：茄科舞春花属

形态特征：多年生草本，常作一年生栽培。全株被毛。单叶互生，叶较狭，椭圆形或长圆形，全缘；花冠喇叭状，5浅裂，花径不足4 cm；品种多，花色多样。花期5～11月。

生态习性：喜温暖，不耐寒，夏季高温时开花减少。喜肥沃、排水良好的微酸性土壤。喜光，也能忍受部分庇荫。

繁殖：播种或扦插繁殖。

园林用途：适于花坛布置，也可盆栽观赏。

小花矮牵牛

小花矮牵牛

小花矮牵牛吊盆栽培

小花矮牵牛半重瓣花

小花矮牵牛

露地一二年生花卉

科属：茄科烟草属

形态特征：多年生草本，常作一年生栽培。全体被黏毛。叶在茎下部矩圆形，基部稍抱茎或具翅状柄，向上呈卵形或卵状矩圆形，近无柄或基部具耳，接近花序即成披针形。花序为假总状式，疏散生几朵花。花萼杯状或钟状；花冠高脚碟状，边缘5裂，淡黄色、黄绿色、粉红色等。

生态习性：喜温暖、向阳的环境及肥沃疏松的土壤，耐旱，不耐寒、较耐热。

繁殖：播种繁殖。

园林用途：适于布置花坛、花境，也可盆栽观赏。

花烟草园林应用

花序

科属：车前科毛地黄属

形态特征：一年生或多年生草本，除花冠外，全体被灰白色短柔毛和腺毛，高60～120 cm。基生叶多数成莲座状，叶柄具狭翅，叶片卵形或长椭圆形，边缘具齿；下部的茎生叶与基生叶同形，向上渐小，叶柄短直至无柄而成为苞片。总状花序，花冠喇叭状，多少二唇形，先端5浅裂，花色有紫红、淡紫、黄色、白色等，内具斑点。花期5～6月。

生态习性：植株强健，较耐寒、较耐干旱、忌炎热、耐瘠薄土壤。喜阳且耐阴，适宜在湿润而排水良好的土壤上生长。

繁殖：播种繁殖。

园林用途：适于布置花坛、花境，也可作自然式布置。

毛地黄花

毛地黄花

毛地黄园林应用

毛地黄植株

车前科

香彩雀

拉丁名：*Angelonia salicariifolia*

科属：车前科香彩雀属

形态特征：多年生草本，常作一年生栽培。全体被腺毛。单叶对生，叶片披针形或条形，边缘有锯齿；总状花序顶生，花冠唇形，花色有紫、淡紫、粉红、白等。花期从春到秋。

生态习性：性喜高温多湿，喜光，也略耐阴，对土壤要求不严，但要求排水良好。

繁殖：播种或扦插繁殖。

园林用途：适于布置花坛、花境，也可盆栽观赏。

香彩雀花

香彩雀盆栽

香彩雀花序

香彩雀叶、花序

香彩雀盆栽

科属：车前科金鱼草属

形态特征：多年生草本，常作露地二年生花卉栽培，基部常木质化，有腺毛。下部叶对生，上部叶互生，叶披针形或矩圆披针形，全缘，光滑。总状花序顶生，花萼与花梗近等长，5深裂；花冠筒状唇形，上唇直立，宽大，2半裂，下唇3浅裂，在中部向上唇隆起，封闭喉部，使花冠呈假面状；花冠基部在前面下延成兜状；外被绒毛，花色有白、黄、红、紫或复色等。花期5~7月。

生态习性：较耐寒，不耐热，喜向阳及排水良好的肥沃土壤，稍耐半阴。

繁殖：播种或扦插繁殖。

园林用途：适于布置花坛、花境，也可盆栽或作切花观赏。

金鱼草花序

金鱼草花

金鱼草园林应用

金鱼草植株

41

母草科

蓝猪耳 / 夏堇

拉丁名：*Torenia fournieri*

科属： 母草科蝴蝶草属

形态特征： 直立草本。茎具4窄棱，叶片长卵形或卵形，几无毛，边缘具带短尖的粗锯齿。花通常在枝的顶端排列成总状花序；花冠筒状，上部常扩大，5裂，裂片二唇形；上唇直立，宽倒卵形，顶端微凹；下唇裂片矩圆形或近圆形，彼此几相等，花各色，中裂片的中下部有一黄色斑块。蒴果长椭圆形。花期6～11月。

生态习性： 喜光、也耐半阴，较耐高温暑热，喜疏松肥沃而排水良好的土壤。

繁殖： 播种繁殖。

园林用途： 适于布置花坛、花境，也可盆栽观赏。

蓝猪耳花

蓝猪耳花序

蓝猪耳植株

蓝猪耳花

科属：葫芦科栝楼属

形态特征：一年生攀缘草本。茎具纵棱及槽，被白色伸展柔毛。叶片纸质，轮廓近圆形，常3~5（~7）浅裂至中裂，稀深裂或不分裂而仅有不等大的粗齿，基出掌状脉5条。卷须3~7歧，被柔毛。花雌雄异株。花冠白色，裂片倒卵形，两侧具丝状流苏。果梗粗壮，果实椭圆形或圆形，成熟时黄褐色或橙黄色。花期5~8月，果熟期8~10月。

生态习性：喜温暖潮湿气候。较耐寒，不耐干旱。不宜在低洼地及盐碱地栽培。

繁殖：播种繁殖。

园林用途：可用于篱垣及棚架绿化。

栝楼茎叶

栝楼果实

栝楼雄花

栝楼植株

桔梗科 **37** 风铃草
拉丁名：*Campanula medium*

科属：桔梗科风铃草属

形态特征：二年生草本，全株具簇毛，茎粗壮而直立，稀分枝。基生叶卵状披针形，缘具钝齿，茎生叶披针状矩形。总状花序顶生，着花多数；萼片具反卷的宽心脏形附属物；花冠膨大，钟形。栽培品种很多，花色有白、粉、蓝及堇紫等。花期5~6月。

生态习性：喜光，喜深厚肥沃而湿润土壤，在贫瘠干旱地生长甚差。喜冷凉而忌干热。

繁殖：播种繁殖。

园林用途：常作花坛、花境背景及林缘丛植，也可作切花和盆花。

风铃草植株

风铃草白色花

风铃草粉色花

科属：菊科雏菊属

形态特征：二年生草本，株丛矮小，叶基生，长匙形，顶端圆钝，基部渐狭成柄，上半部边缘有疏钝齿或波状齿，叶两面有白色柔毛。头状花序单生于花茎顶端，花序直径3～5 cm，花葶被毛；总苞半球形或宽钟形；舌状花常呈管状，单瓣或重瓣，园艺品种多，花色有红、粉、白等。

生态习性：性强健，较耐寒，喜冷凉气候，忌炎热。喜肥沃、富含腐殖质的土壤，喜光。

繁殖：播种繁殖。

园林用途：常作花坛植物，也可作盆花。

雏菊

雏菊

雏菊植株

雏菊花序

雏菊

雏菊盆栽

露地一二年生花卉

科属：菊科金盏菊属

形态特征：二年生草本，全株具毛。叶互生，长圆状倒卵形，全缘或有不明显锯齿，基部稍抱茎。头状花序单生于花茎顶端；总苞1~2轮，苞片线状披针形；舌状花黄色或橙黄色。瘦果弯曲。花期4~6月，果熟期5~7月。

生态习性：较耐寒，适应性强，对土壤及环境要求不严，但以疏松肥沃的土壤和日照充足之地生长显著良好。

繁殖：播种繁殖，有一定的自播繁殖能力。

园林用途：常用于布置花坛，也可作切花或盆花。

金盏菊瘦果

金盏菊头状花序

金盏菊植株

金盏菊植株

科属：菊科矢车菊属

形态特征：二年生草本，全株具绵毛，幼枝较多。茎多分枝，细长，茎叶灰绿色。基生叶大，具深齿或羽裂，裂片线形；茎生叶披针状至线形，全缘。头状花序顶生于细长总梗上，舌状花大，偏漏斗形，具5裂，蓝、紫、堇、粉、红及白色。花期4～6月。

生态习性：喜光，喜疏松肥沃土壤；好冷凉，忌炎热，较耐寒。直根性。

繁殖：播种繁殖。

园林用途：宜大片自然式丛植及覆盖坡地，也可用于花境和花坛布置，还是很好的切花材料，矮型品种可作盆花。

矢车菊花序

矢车菊幼苗

矢车菊

矢车菊园林应用

矢车菊

矢车菊

矢车菊

47

露地一二年生花卉

菊 科 **41** 两色金鸡菊
拉丁名：*Coreopsis tinctoria*

科属：菊科金鸡菊属

形态特征：二年生草本，株高60～80 cm，光滑，上部多分枝。基生叶2～3回羽状深裂，裂片披针形；下部及中部茎生叶有长柄，二回羽状全裂，裂片线形或线状披针形；上部叶无柄或下延成翅状柄，裂片线形。头状花序多数，有细长花序梗，排列成伞房或疏圆锥花序状。总苞半球形；舌状花黄色，喉部红褐色；管状花红褐色、狭钟形。花期5～9月。

生态习性：喜光，耐寒力强，不择土壤。

繁殖：播种繁殖。

园林用途：宜大片自然式丛植及覆盖坡地，也可用于花境布置，还可作切花。

两色金鸡菊幼苗

两色金鸡菊花序

两色金鸡菊植株

两色金鸡菊园林应用

科属：菊科秋英属

形态特征：一年生草本，高达1~2 m。茎具沟纹，光滑或具微毛，枝开展。叶2回羽状全裂，裂片狭线形，较稀疏。头状花序单生于长总梗上；总苞片2层，内层边缘膜质；舌状花通常单轮，8枚，白、粉及深红色。有半重瓣或重瓣品种。花期6~8月。

生态习性：喜光，耐干旱瘠薄土壤，自播繁殖能力强。

繁殖：播种繁殖。

园林用途：可用于花丛、花群及花境布置，或作花篱及基础栽植，并大量用于切花。

秋英半重瓣品种

秋英园林应用

露地一二年生花卉

科属：菊科秋英属

形态特征：一年生草本，高1~2 m，上部多分枝。叶对生，2~3回羽状深裂，裂片披针形至椭圆形。头状花序单生于长梗上；舌状花通常2轮，先端呈齿状，橘黄色或金黄色；管状花黄色。花期7~10月。

生态习性：喜光，耐干旱瘠薄土壤，自播繁殖能力强。

繁殖：播种繁殖。

园林用途：可用于花丛、花群及花境布置，或作花篱及基础栽植。

黄秋英园林应用

黄秋英植株

黄秋英植株

黄秋英花序

科属：菊科向日葵属

形态特征：一年生高大草本。高1~3 m，茎粗壮，被白色粗硬毛。叶互生，心状卵圆形，三出脉，边缘有粗锯齿，两面被短糙毛，有长柄。头状花序极大，径10~30 cm，单生于茎端，常下倾。总苞片多层，叶质，覆瓦状排列。花托平或稍凸。舌状花多数，黄色不结实；管状花极多数，棕色或紫色，有披针形裂片，结果实。瘦果倒卵形或卵状长圆形，稍扁压。品种极多，有半重瓣和重瓣品种，还有矮生品种。花期7~9月，果熟期8~10月。

生态习性：喜光，不耐阴；喜温热，不耐寒；不择土壤，耐旱。

繁殖：播种繁殖。

园林用途：可成片种植或作花境布置，也是非常重要的切花，矮生品种可布置花坛和盆栽观赏。

向日葵园林应用

向日葵盆栽

向日葵花序

向日葵果序

向日葵重瓣品种

菊 科　　　**45**　　　百日菊
拉丁名：*Zinnia elegans*

科属：菊科百日菊属

形态特征：一年生草本，高50～90 cm，茎直立而粗壮，被白色粗硬毛。叶对生，卵形至长椭圆形，全缘，基部抱茎。头状花序单生枝端，梗甚长，径4～10 cm；总苞钟状，基部连生成数轮；舌状花倒卵形，有白、黄、红、紫色等；管状花橙黄色，边缘5裂，瘦果。栽培品种甚多，还有重瓣型及低矮型。花期6～9月，果熟期8～10月。

生态习性：性强健，喜光，不耐阴；要求肥沃而排水良好的土壤。

繁殖：播种繁殖。

园林用途：为花坛、花境的习见草花，又可用于切花，切花水养持久。

百日菊园林应用

百日菊植株

百日菊花序

百日菊植株

科属：菊科万寿菊属

形态特征：一年生草本，高60～90 cm，茎光滑而粗壮。叶对生，羽状全裂，裂片披针形，叶缘有油腺点。头状花序单生枝端，花序梗顶端棍棒状膨大；总苞钟状；舌状花无紫斑，舌片倒卵形，基部收缩成长爪；边缘常皱曲。栽培品种极多，花色有乳白、黄、橘至橘红乃至复色等；花型有单瓣、重瓣等变化，花径大小变化大，株高有矮型、中型、高型之分。花期6～9月，果熟期8～10月。

生态习性：喜光，稍耐半阴；抗性强，对土壤要求不严，耐移植，生长迅速，栽培容易，病虫害少。

繁殖：播种或扦插繁殖。

园林用途：矮型品种适合作花坛布置或花丛、花境栽植；高型品种作带状栽植可代替篱垣，梗长，切花水养持久。

万寿菊花序

万寿菊叶、花

露地一二年生花卉

科属：菊科万寿菊属

形态特征：一年生草本，高30~60 cm。叶羽状分裂，裂片线状披针形，边缘有锯齿，齿的基部通常有1个腺体。头状花序单生，花序梗顶端稍增粗；总苞钟状，有腺点；舌状花金黄色或橙色，带有红色斑；舌片近圆形，顶端微凹；管状花花冠黄色。栽培品种极多，花色有黄、橙至橘红乃至复色等；花型有单瓣、重瓣等变化。花期6~9月，果熟期8~10月。

生态习性：同万寿菊。

繁殖：播种或扦插繁殖。

园林用途：适合作花坛布置或花丛、花境栽植。

孔雀草园林应用

孔雀草叶、花序

孔雀草植株

孔雀草花序

科属：旱金莲科旱金莲属

形态特征：多年生草本，常作一年生栽培。茎细长，半蔓性，长可达1.5 m。叶互生，近圆形，具长柄，盾状着生。花腋生，左右对称，梗甚长；萼5枚，其中1枚延伸成距；花瓣5，具爪；花色有乳白、浅黄、橘红、深紫及红棕等，或具深色网纹及斑点等复色。花期5～9月。

生态习性：喜光；喜凉爽，但畏寒；宜栽于排水良好的沙质壤土，忌过湿或受涝。

繁殖：播种或扦插繁殖。

园林用途：宜布置花境，或自然式丛植，也可点缀岩石园。

旱金莲园林应用

55

旱金莲叶、花

旱金莲乳白色花

科属：禾本科薏苡属

形态特征：一年生粗壮草本。秆直立丛生，高1~2 m，具10多节，节多分枝。叶鞘短于其节间；叶片扁平宽大，开展，边缘粗糙，通常无毛。总状花序腋生成束，具长梗。雌小穗位于花序之下部，外面包以骨质念珠状总苞，总苞卵圆形，坚硬，有光泽。花果期6~12月。

生态习性：喜凉爽湿润气候，喜光，喜湿。

繁殖：播种。

园林用途：常自然式配置于水边。

薏苡植株

薏苡果实

薏苡花序

薏苡茎、叶、花序

"露地宿根花卉"

　　露地宿根花卉是指地下部分形态正常的露地多年生花卉。根据冬季是否休眠可以分为冬季休眠类和冬季常绿类两大类。冬季休眠类宿根花卉有冬季休眠的习性，其地上部茎叶秋冬全部枯死，地下部分进入休眠，到春季气候转暖时，地下部着生的芽或根蘖再萌发生长、开花，如菊花、芍药等；冬季常绿类宿根花卉冬季叶片保持绿色，如麦冬、阔叶麦冬、吉祥草等。露地宿根花卉一次种植可多年观赏，抗性强，栽培养护较简单，被广泛用于布置花坛、花境，或作园林地被植物。

三白草科　　　　1　　　　蕺菜
拉丁名：*Houttuynia cordata*

科属：三白草科蕺菜属

形态特征：具根茎。茎下部伏地，上部直立，有时紫红色。叶薄纸质，密被腺点，宽卵形或卵状心形。穗状花序顶生或与叶对生，基部多具4片白色花瓣状苞片。花期4～8月。

生态习性：阴性植物，怕强光，喜温暖潮湿环境，较耐寒，忌干旱。

繁殖：多用分根繁殖。

园林用途：多用作林下地被。全株入药，嫩根茎可食。

蕺菜花序

蕺菜开花植株

蕺菜植株

三白草科　　　　2　　　　变色龙蕺菜
拉丁名：*Houttuynia cordata* 'Chameleon'

科属：三白草科蕺菜属

形态特征：蕺菜常见栽培品种，叶边缘具红色、黄色或白色花斑。

变色龙蕺菜

科属：土人参科土人参属

形态特征：茎肉质，基部近木质。叶互生或近对生，倒卵形或倒卵状长椭圆形，全缘，稍肉质。圆锥花序顶生或腋生，花瓣粉红或淡紫红色。花期6~8月。

生态习性：喜半阴，不耐强光照射，耐高温，耐寒性差。

繁殖：播种或扦插。

园林用途：常用作疏林下或林缘地被，也可盆栽观赏。嫩茎叶和嫩根可食用，也可药用。

土人参花序

土人参开花植株

土人参植株

土人参花、果

土人参科 　　　**4** 　　　花叶土人参
拉丁名：*Talinum paniculatum* 'Variegatum'

科属：土人参科土人参属

形态特征：土人参栽培品种，叶边缘有黄色斑纹。

花叶土人参

露地宿根花卉

石竹科　　　　　　**5**　　　　　石竹
拉丁名：*Dianthus chinensis*

科属：石竹科石竹属

形态特征：植株高达50 cm；全株无毛，带粉绿色。茎节膨大，单叶对生，叶线状披针形，全缘或具微齿。花单生或成聚伞花序。花瓣紫红、粉红、鲜红或白色,先端不整齐齿裂，喉部具斑纹，疏生髯毛。花期5~6月。

生态习性：喜阳光充足、干燥、通风及凉爽湿润气候。耐寒、耐干旱，不耐酷暑。

繁殖：播种或扦插。

园林用途：用作地被或花境，也可盆栽观赏。

石竹植株

石竹花

石竹花

石竹花

石竹花

科属：石竹科石竹属

形态特征：茎丛生，直立，绿色，无毛，上部分枝。叶片线状披针形，质软，全缘，绿色，有时带粉绿色。花1～2朵顶生，有时顶下腋生。花瓣淡红或带紫色，稀白色，具芳香，花瓣边缘丝状深裂；萼细长，圆筒状，萼筒基部有2对苞片。花期6～9月。

生态习性：瞿麦适应性很强，耐寒，对土壤要求不严，喜温暖湿润环境，忌干旱和低洼积水。

繁殖：播种或分株。

园林用途：可布置花坛、花境或岩石园，也可盆栽或作切花。

瞿麦花侧面观

瞿麦花顶面观

瞿麦植株

61

露地宿根花卉

石竹科　　　　7　　常夏石竹 / 羽瓣石竹
拉丁名：*Dianthus plumarius*

科属：石竹科石竹属

形态特征：茎蔓状簇生，上部分枝，越年呈木质状，光滑而被白粉，叶厚，灰绿色，长线形，花2~3朵顶生枝端，花色有紫、粉红、白色，喉部多具暗紫色斑纹，有芳香。花期5~10月。

生态习性：喜温暖和充足的阳光，不耐寒。要求土壤深厚、肥沃，盆栽要求土壤疏松、排水良好。

繁殖：播种或扦插。

园林用途：可用于花坛、花境或盆栽观赏。

羽瓣石竹植株

羽瓣石竹花

科属：石竹科石竹属

形态特征：茎具棱。叶披针形，先端尖，基部渐窄，鞘状。花小而多，密集成头状聚伞花序，花的苞片先端须状。花色有白、粉、红等深浅不一，单色或环纹状复色，稍有香气，花期5月上旬。

生态习性：喜阳光充足、高燥、通风及凉爽湿润气候。性耐寒、耐干旱，不耐酷暑。

繁殖：播种或扦插繁殖。

园林用途：常用作花坛、花境及镶边材料，也是很好的切花材料。

须苞石竹花序

须苞石竹植株

须苞石竹花序

须苞石竹花序

须苞石竹花序

63

露地宿根花卉

芍药科 | **9** | 芍药 拉丁名：*Paeonia lactiflora*

科属：芍药科芍药属

形态特征：根粗壮，肉质。茎高40～70 cm。下部茎生叶为二回三出复叶，上部茎生叶为三出复叶，小叶通常三深裂。花1至数朵着生于茎顶；花瓣9～13。原种花瓣白色，有时基部具深紫色斑块。花期4～5月。园艺品种花色丰富，有白、粉、红、紫、黄、绿、黑和复色等，还有重瓣品种。

生态习性：喜光照，耐旱。

繁殖：分株为主，也可播种、扦插、压条繁殖。

园林用途：可作专类园、切花及花坛用花等。

芍药叶

芍药花

芍药植株

芍药花

芍药花

科属：毛茛科翠雀属

形态特征：茎高大、直立。叶大，稍被毛，掌状5~7深裂，上部叶3~5裂。顶生总状花序长达20 cm，花左右对称，萼片5，花瓣状，后面一枚延长成距；花瓣2~4枚，重瓣者多数，上面一对有距，且突伸于萼距内；园艺品种多，花色丰富。花期7~8月。

生态习性：喜阳光、怕暑热、忌积涝。

繁殖：分株、扦插及播种法繁殖。

园林用途：可丛植，或作花坛、花境栽植，也可用作切花。

高飞燕草

高飞燕草植株

高飞燕草花

毛茛科 **11** 变色耧斗菜
拉丁名：*Aquilegia caerulea*

科属：毛茛科耧斗菜属

形态特征：丛生草本，二回三出复叶。萼片5，辐射对称，花瓣5，长矩自花萼间直伸向后方；雄蕊多数，雌蕊5，花色丰富，除蓝色外还有黄色、红色等。蓇葖果。

生态习性：喜半阴和凉爽的环境，不耐炎热，忌高温高湿。

繁殖：播种或分株。

园林用途：用于布置花坛、花境，或作盆栽观赏。

变色耧斗菜花

变色耧斗菜花蕾侧面观

变色耧斗菜植株

变色耧斗菜花

变色耧斗菜花侧面观

科属：毛茛科铁线莲属

形态特征：草质藤本。茎被短柔毛，具纵沟，节膨大。二回或一回三出复叶，小叶纸质。花腋生；苞片宽卵形或卵状三角形；萼片6，白色，平展。花期4～6月。园艺品种很多，花色丰富、花型多变。

生态习性：喜肥沃、排水良好的碱性壤土，忌积水，耐寒性强。

繁殖：扦插为主，也可播种、分株。

园林用途：用于绿亭、立柱、墙面、篱垣和栅栏等垂直绿化。

铁线莲园林应用

露地宿根花卉

毛茛科 　　13　　铁筷子
拉丁名：*Helleborus thibetanus*

科属：毛茛科铁筷子属

形态特征：茎高达50 cm，基部具2~3枚鞘状叶。基生叶1(或2)，肾形或五角形，鸡足状3全裂，侧裂片具短柄，扇形，不等3裂；叶柄长20~24 cm；茎生叶近无柄，叶片较基生叶小，中裂片窄椭圆形，侧裂片2~3深裂不等。花1(或2)朵生茎端，萼片初粉红色，在果期变绿色；花瓣8~10，淡黄绿色，筒状漏斗形，长5~6 mm。花期4~5月。

生态习性：耐寒，喜半阴、潮湿环境，忌干冷。

繁殖：分株为主，也可播种繁殖。

园林用途：常用作地被材料，也可盆栽观赏。

铁筷子花

铁筷子花枝

铁筷子重瓣花

铁筷子园林应用

科属：罂粟科荷包牡丹属

形态特征：地下茎稍肉质。茎丛生，叶三角形，二回三出全裂，具长柄，叶被白粉。总状花序，花朵着生一侧并下垂。萼片2，小而早落；花瓣长约2.5 cm，外面2枚粉红色，基部囊状，上部狭且反卷；内2枚狭长，近白色。花期4~6月。

生态习性：耐寒，不耐高温，喜半阴的生境，炎热夏季休眠。

繁殖：分株为主，也可进行扦插繁殖。

园林用途：适宜于布置花境或在树丛、草地边缘湿润处丛植，也可盆栽或用作切花。

荷包牡丹花、叶

荷包牡丹花序

69

科属：罂粟科荷包牡丹属　　　　形态特征：荷包牡丹栽培品种，花白色。

白花荷包牡丹植株

白花荷包牡丹花序

露地宿根花卉

科属：虎耳草科落新妇属

形态特征：茎直立，被多数褐色长毛并杂有腺毛，基生叶为二至三回羽状复叶；茎生叶2～3枚，较小。顶生小叶菱状椭圆形，侧生小叶卵形或椭圆形，边缘有重锯齿，叶上面疏生短刚毛，背面特多。圆锥花序，花密集，花瓣狭条形，红紫色，栽培品种有白、红等色。花期6～7月。

生态习性：喜半阴，不耐干旱。

繁殖：播种或分株繁殖。

园林用途：用于布置花坛或花境，也可盆栽或用作切花。

落新妇植株

落新妇园林应用

落新妇植株

科属：虎耳草科矾根属

形态特征：常绿宿根花卉，叶基生，三角状卵形至肾形，波状浅裂，浅绿色或深绿色，栽培品种叶色有暗黄绿色、嫩绿色、黄色、紫红色及斑纹等。圆锥花序具多花。花期4～10月。

生态习性：耐寒，不耐高温和干旱。喜半阴。

繁殖：以分株为主，也可播种繁殖。

园林用途：多用于疏林下作花境或地被，也可盆栽观赏。

矾根花序

矾根花序

矾根花序

矾根盆栽

矾根盆栽

矾根盆栽

71

露地宿根花卉

虎耳草科　　18　　虎耳草
拉丁名：*Saxifraga stolonifera*

科属：虎耳草科虎耳草属

形态特征：常绿宿根花卉，具匍匐枝。基生叶有长柄，近心形、肾形或扁圆形，被腺毛，叶脉常银白色，背面常红紫色，边缘具锯齿；茎生叶披针形。聚伞花序圆锥状；花瓣5枚，白色；3枚较短，中上部具紫红色斑点，基部具黄色斑；另两枚较长，披针形至长圆形。花期4～6月。

生态习性：喜阴凉潮湿，要求土壤肥沃、湿润。

繁殖：常用分生繁殖。

园林用途：常用作林下地被，也可盆栽观赏。全株入药。

虎耳草花

虎耳草园林应用

虎耳草盆栽

虎耳草匍匐上的幼株

虎耳草花序

科属：豆科车轴草属

形态特征：茎匍匐，节上易生不定根。掌状三出复叶互生，小叶倒卵形或倒心脏形，绿色，有绿白色"V"字纹。花多数，密集成头状或球状花序，有较长的总花梗，高出叶面，花冠白、乳黄或淡红色。花期5~8月。

生态习性：适应性强，耐旱、耐寒、耐瘠薄，喜光亦耐阴。

繁殖：常用播种繁殖，也可分根繁殖。

园林用途：常用作地被。

白车轴草园林应用

白车轴草花序

白车轴草叶

73

露地宿根花卉

常用花卉彩色图谱

74

科属：豆科车轴草属

形态特征：茎直立或平卧上升。掌状三出复叶，小叶较长，长卵形至三角状卵形，绿色，有绿白色"V"字纹；毛较多。花序球状或卵状，具花30~70朵；无总花梗或具甚短总花梗，包于顶生叶的托叶内，托叶扩展成焰苞状；花冠紫红色至淡红色。花期5~9月。

生态习性：喜光亦耐阴，耐寒。

繁殖：播种或分株繁殖。

园林用途：常用作林下地被。

红车轴草花序

红车轴草植株

红车轴草叶

科属：锦葵科蜀葵属

形态特征：直立草本，高达2 m，全株密被刺毛。叶大，互生，叶片粗糙而皱，圆心脏形，5~7浅裂。花大，单生叶腋或聚成顶生总状花序，萼片5，卵状披针形。花瓣5枚或更多，边缘波状而皱或齿状浅裂；单瓣、半重瓣至重瓣，花有紫、粉、红、白等色。花期6~8月。

生态习性：喜阳光充足，耐半阴，忌涝。耐盐碱能力强。

繁殖：播种、分株或扦插繁殖。

园林用途：适合在院落、路侧用作花境、花篱或花墙。

蜀葵白色花

蜀葵重瓣花

蜀葵红色花

蜀葵白色花

蜀葵园林应用

蜀葵粉色花

蜀葵叶片

蜀葵紫红色花

露地宿根花卉

科属：柳叶菜科山桃草属

形态特征：茎直立、丛生，常多分枝，高60～100 cm。叶无柄，椭圆状披针形或倒披针形，边缘具远离的齿突或波状齿。花序直立，长穗状，生茎枝顶；花瓣4，白色，后变粉红。花期5～8月。

生态习性：喜光，耐半阴，耐干旱，耐寒。

繁殖：播种或分株。

园林用途：用于装饰花坛、花境，也可用于插花。

山桃草花

山桃草茎、叶

山桃草园林应用

山桃草花序

科属：柳叶菜科月见草属

形态特征：幼苗时枝多倾卧而后上升；单叶互生，叶长椭圆形或披针形，有疏齿，基生叶有时羽状裂。花生于茎枝顶端叶腋或退化叶腋，排成总状花序；花瓣4，粉色；雄蕊8，花药"丁"字着生；柱头深裂成4线形裂片。花期4~7月。

生态习性：适应性强，喜光，耐干旱。对土壤要求不严。

繁殖：分株或播种。

园林用途：常用作地被。本种适应性强，常逸为野生，应用时要注意防止蔓延。

美丽月见草花

美丽月见草茎、叶

美丽月见草开花植株

露地宿根花卉

科属：五加科天胡荽属

形态特征：茎细长而匍匐，节上生根。叶圆形或肾圆形，不裂或5~7浅裂，边缘有钝齿。伞形花序与叶对生，有花5~18朵，花瓣绿白色。花期4~9月。

生态习性：喜温暖潮湿，忌阳光直射，耐阴、耐湿，稍耐旱，适应性强。

繁殖：播种或分株。

园林用途：阴湿处作地被。全株入药。

天胡荽生长于石缝

天胡荽叶片

天胡荽作地被

科属：旋花科马蹄金属

形态特征：多年生匍匐小草本，茎细长，被灰色短柔毛，节上生根。叶肾形至圆形，先端宽圆形或微缺，基部阔心形，全缘。

生态习性：喜光也耐庇荫，喜温暖、湿润气候，适应性强，竞争力和侵占性强，具有一定的耐践踏能力。

繁殖：播种或压条。

园林用途：是一种优良的地被材料，可用于沟坡、堤岸、路边绿化，也可作盆栽垂吊观赏。

马蹄金垂吊观赏

马蹄金叶片

科属：花葱科福禄考属

形态特征：茎直立，高60～100 cm，单一或上部分枝，叶对生，有时3叶轮生，长圆形或卵状披针形。花密集，顶生伞房状圆锥花序。花冠淡红、红、白或紫色，冠筒长达3 cm，被柔毛，冠檐裂片5，倒卵形，先端圆，全缘。

生态习性：喜光，耐半阴，夏季忌烈日暴晒；不耐热，耐寒，不耐旱，忌积水。

繁殖：扦插、分株，也可用播种繁殖。

园林用途：可作花坛、花境材料，也可盆栽观赏，或用作切花。

天蓝绣球花序

天蓝绣球花

天蓝绣球叶

天蓝绣球花序

天蓝绣球植株

科属：花葱科福禄考属

形态特征：茎匍匐状丛生，密集成垫状，基部稍木质化。叶常绿，质硬，钻状或线形，长1～1.5 cm；少花，聚伞花序；花冠淡红、红、白或紫色，冠檐裂片先端凹。

生态习性：适应性强，耐旱，耐寒，耐盐碱土壤。

繁殖：播种或扦插繁殖。

园林用途：常用于布置花坛、花境，也可作盆栽观赏。

针叶天蓝绣球叶和花

针叶天蓝绣球植株

针叶天蓝绣球枝叶

针叶天蓝绣球花序

露地宿根花卉

28

美女樱

拉丁名：*Glandularia hybrida*

科属：马鞭草科美女樱属

形态特征：植株丛生而铺覆地面。茎四棱；叶对生，长椭圆形，边缘有不规则锯齿，或近基部稍分裂；深绿色。穗状花序顶生，密集呈伞房状，花小而密集，花冠先端5裂，裂片顶端凹入。有白、粉、红、紫等色，也有复色品种，略具芳香。花期5~11月。

生态习性：喜光，不耐阴，较耐寒，不耐旱。

繁殖：播种或扦插。

园林用途：美女樱开花繁茂，花色艳丽，园林中多用于花坛、花境，也适合盆栽观赏。

美女樱花序

美女樱植株

美女樱花序

美女樱花序

科属：马鞭草科美女樱属

形态特征：低矮略匍匐草本，茎四棱；叶对生，长圆形，羽状深裂。花桃红色，中心浓红。

生态习性：喜光，不耐阴，较耐寒，耐热，不耐旱，喜富含腐殖质的沙质壤土。

繁殖：播种或扦插。

园林用途：羽裂美女樱开花繁茂、花期长，适宜作花坛、花境材料，也可盆栽或垂吊观赏。

羽裂美女樱植株

羽裂美女樱花序

露地宿根花卉

马鞭草科　30　细叶美女樱

拉丁名：*Glandularia tenera*

科属：马鞭草科美女樱属

形态特征：低矮略匍匐草本，枝条细长四棱，微生毛。叶对生，三回羽状深裂，小裂片呈条状，顶端尖，全缘。花期4～10月。

生态习性：喜光，耐半阴，喜湿润，耐寒。

繁殖：播种或扦插。

园林用途：是优良的露地观花花卉，宜成丛、成片配植于园林绿地。

细叶美女樱花序

细叶美女樱叶片

细叶美女樱园林应用

细叶美女樱花序

细叶美女樱花序

科属：马鞭草科马鞭草属

形态特征：茎丛生直立，方形，细长而坚韧，全株有刺毛。初期叶为椭圆形，花茎抽高后的叶转为披针形，边缘有锯齿；复伞形花序顶生，花紫色。花期5～9月。

生态习性：喜温暖气候，抗高温，不耐寒，耐旱，喜光，不耐阴。

繁殖：播种或扦插。

园林用途：宜成片点缀绿地，或沿路呈带状种植。

柳叶马鞭草叶片

柳叶马鞭草花序侧面观

柳叶马鞭草花序顶面观

柳叶马鞭草园林应用

唇形科

32

多花筋骨草

拉丁名：*Ajuga multiflora*

科属：唇形科筋骨草属

形态特征：植株低矮，高20 cm。茎直立，不分枝，密被灰白色绵状长柔毛。叶椭圆状长圆形或椭圆状卵形，基部楔形下延，抱茎。轮伞花序自茎中部至顶端密集成穗状聚伞花序；花冠蓝紫色或蓝色。花期4~5月。

生态习性：喜光，亦耐阴，耐寒，适应性强。

繁殖：播种或分株。

园林用途：适于布置花境，或林缘成片种植。

多花筋骨草花序

多花筋骨草园林应用

多花筋骨草园林应用

多花筋骨草花

科属：唇形科活血丹属

形态特征：茎四棱形，匍匐生长。单叶对生，下部叶较小，心形或近肾形，上部叶较大，心状圆形，具粗圆齿。轮伞花序具2~6花。花冠淡蓝、蓝至紫色，下唇具深色斑点；冠筒直立，上部渐膨大呈钟形，冠檐二唇形。上唇直立，2裂，裂片近肾形，下唇伸长，斜展，3裂，中裂片最大，先端凹入。花期4~5月。

生态习性：喜阴湿，不耐强光照射，较耐寒。

繁殖：分株、扦插或压条繁殖。

园林用途：常作林下地被或边坡绿化。

活血丹花

活血丹园林应用

活血丹叶

87

活血丹茎、叶、花

露地宿根花卉

唇形科 34 羽叶薰衣草
拉丁名：*Lavandula pinnata*

科属：唇形科薰衣草属

形态特征：直立丛生草本，叶对生，二回羽状深裂，裂片线形，灰绿色。穗状花序有较长总梗，花二唇形，紫色。

生态习性：喜光，夏季应稍遮阴。耐热，不耐零度以下低温。

繁殖：播种或扦插繁殖。

园林用途：花期长，用于切花、压花或庭园种植。江浙一带适合盆栽。

羽叶薰衣草叶片

羽叶薰衣草花序

羽叶薰衣草园林应用

科属： 唇形科薄荷属

形态特征： 茎直立，钝四棱形，常带紫色，无毛，不育枝紧贴地生。叶无柄或近于无柄，卵形或卵状披针形；先端锐尖，基部圆形或浅心形，边缘有锐裂的锯齿，坚纸质，上面绿色，皱波状，脉纹明显凹陷，下面淡绿色，脉纹明显隆起且带白色。轮伞花序在茎及分枝顶端密集呈穗状花序，萼齿5，果时稍靠合；花冠淡紫，冠檐具4裂片。

生态习性： 喜光，耐半阴。耐热，半耐寒。

繁殖： 常用扦插、分根、压条繁殖。

园林用途： 园林中多片植或丛植，或用作花境植物，也可盆栽观赏。

皱叶留兰香茎叶

皱叶留兰香花序

皱叶留兰香盆栽

唇形科

36 蓝花鼠尾草
拉丁名：*Salvia farinacea*

科属： 唇形科鼠尾草属

形态特征： 直立丛生草本，植株被柔毛。茎四棱形，有毛；单叶对生，阔披针形至卵状披针形。轮伞花序组成顶生穗状花序，长约12 cm，花萼和花均蓝紫色。花期6～12月。

生态习性： 喜温暖、湿润和阳光充足环境，耐寒性强，怕炎热、干燥。

繁殖： 播种或扦插繁殖。

园林用途： 适用于花坛、花境，也可点缀在岩石旁或林缘空隙地。

蓝花鼠尾草植株

蓝花鼠尾草花序

蓝花鼠尾草园林应用

科属：唇形科鼠尾草属

形态特征：多分枝直立丛生草本，全株几无毛；叶对生，长披针形，有锯齿。轮伞花序组成顶生穗状花序，花萼绿色，花天蓝色。

生态习性：喜光，耐寒，耐旱，不耐水涝。

繁殖：播种或扦插繁殖。

园林用途：适用于花境，或于林缘、山石旁、草地上成群、成片栽植。

天蓝鼠尾草植株

天蓝鼠尾草花序

天蓝鼠尾草茎、叶

露地宿根花卉

唇形科		38	墨西哥鼠尾草 拉丁名：*Salvia leucantha*

科属： 唇形科鼠尾草属

形态特征： 多分枝丛生草本，茎四棱，嫩茎密被白色绒毛。单叶对生，叶片披针形，灰绿色，密被白色绒毛，有香气。轮伞花序顶生，花明显偏向一侧；花萼和花紫色，具绒毛。花期10～12月。

生态习性： 喜光，喜疏松肥沃的壤土，适应性强。

繁殖： 播种或扦插繁殖。

园林用途： 适于公园、风景区林缘坡地、草坪一隅、河湖岸边布置。

墨西哥鼠尾草叶

墨西哥鼠尾草花序

墨西哥鼠尾草园林应用

科属：唇形科鼠尾草属

形态特征：多分枝丛生草本，株高可达1.5 m以上。茎四棱形；单叶对生，叶片卵圆形，全缘或具钝锯齿，灰绿色，质地厚。轮伞花序2至多花，组成总状花序，花深蓝色，花冠长筒形，上下唇"人"字形分裂至花冠中部。花期4~12月。

生态习性：喜光，较耐寒，耐旱，不耐水涝。

繁殖：播种或扦插繁殖。

园林用途：适合作花境背景材料。

深蓝鼠尾草植株

深蓝鼠尾草叶

深蓝鼠尾草花

露地宿根花卉

唇形科　　　　　　　　　**40**　　　　　朱唇
拉丁名：*Salvia coccinea*

科属：唇形科鼠尾草属

形态特征：茎四棱形，具浅槽，被开展的长硬毛及向下弯的灰白色疏柔毛。叶片卵圆形或三角状卵圆形，边缘具锯齿或钝锯齿。轮伞花序4至多花，疏离，组成顶生总状花序。花冠深红或绯红色。花期4～7月。

生态习性：喜光，耐热，耐干旱。抗寒性不强，零度以下低温时宜室内越冬。

繁殖：播种或扦插。

园林用途：可用于布置花坛或花境，亦可丛植于草坪之中。

朱唇花

朱唇茎、叶

朱唇花序

朱唇园林应用

科属：唇形科水苏属

形态特征：全株密被银白色丝状绵毛。葡匐茎近地表处生根；直立茎四棱形。基生叶长圆状椭圆形，质厚，具柄；茎生叶无柄，椭圆形，有细锯齿。轮伞花序多花，向上密集组成顶生长10～22 cm的穗状花序，花红紫色。花期7～9月。

生态习性：喜光，较耐寒，喜排水良好的沙质壤土。

繁殖：常用播种和分株繁殖。

园林用途：用于布置花境或岩石园，也可作花坛镶边材料，还可盆栽或作切花。

绵毛水苏基生叶

绵毛水苏茎生叶和花

绵毛水苏花序

绵毛水苏园林应用

露地宿根花卉

科属： 车前科钓钟柳属

形态特征： 直立丛生草本。基生叶具柄，倒卵形；茎生叶交互对生，卵形至披针形，基部截形，无柄，近穿茎状。圆锥花序顶生，花近白色。

生态习性： 喜阳光充足、空气湿润及通风良好的环境，忌炎热干旱，耐寒。

繁殖： 扦插或分株繁殖。

园林用途： 常用作林下地被或花境植物材料。

毛地黄钓钟柳花序

毛地黄钓钟柳茎生叶

毛地黄钓钟柳基生叶

毛地黄钓钟柳花

毛地黄钓钟柳园林应用

科属：桔梗科桔梗属

形态特征：直立草本，上部有分枝，叶互生或3枚轮生，几无柄，卵形至卵状披针形，先端尖，边缘有锐锯齿。花单生枝顶或数朵组成假总状花序，或有花序分枝而集成圆锥花序；花冠漏斗状钟形，蓝或紫色，5裂；雄蕊5；花柱长，5裂而反卷。花期5~9月。

生态习性：喜凉爽气候，喜光，也能耐微阴，耐寒，喜排水良好、富含腐殖质的沙质壤土。

繁殖：播种或分株繁殖。

园林用途：适用于花境及岩石园栽培，也可盆栽观赏或作切花。

桔梗盆栽

桔梗花

桔梗花序

露地宿根花卉

44

菊花

拉丁名：*Chrysanthemum morifolium*

科属：菊科菊属

形态特征：直立草本，茎基部半木质化，叶互生，有柄，卵形至披针形，羽状浅裂至深裂，边缘有粗大锯齿，基部楔形，依品种不同，叶形变化较大。头状花序单生或数个聚生茎顶，微香，花序直径2~30 cm。缘花为舌状的雌花，有白、粉红、雪青、玫红、紫红、墨红、黄、棕、淡绿及复色等颜色；心花为管状的两性花，可结实，多为黄绿色。

生态习性：喜光，较耐寒，喜深厚肥沃、排水良好的沙质壤土，忌积涝和连作。

繁殖：常用扦插、分株、嫁接等方法繁殖。

园林用途：用于布置花坛、花境或专类园，也常用作切花和盆花。

科属：菊科亚菊属

形态特征：多年生直立草本或亚灌木；单叶互生，倒卵形，有圆钝粗齿，叶灰绿色，背面密被银白色毛，叶边缘银白色；头状花序组成伞形，花黄色，全为管状花，顶部5裂，中间为两性花，边缘为雌花。花期11月。

生态习性：喜光，稍耐阴；较耐寒。喜肥沃、疏松和排水良好的沙质壤土。

繁殖：常用扦插法，也可播种繁殖。

园林用途：常用于林缘镶边，也可片植或用于装饰花境。

金球菊叶背

金球菊植株

金球菊叶片、花序

金球菊花序

大花金鸡菊
拉丁名：*Coreopsis grandiflora*

科属： 菊科金鸡菊属

形态特征： 直立丛生草本，叶对生，基生叶及下部茎生叶披针形、全缘；上部叶或全部茎生叶3~5深裂，裂片披针形或线性、顶裂片尤长。头状花序具长梗，内外列总苞近等长；舌状花通常8枚，也有重瓣园艺品种，黄色，顶端3裂；管状花也为黄色。花期5~9月。

生态习性： 喜光，耐旱，耐寒也耐热。

繁殖： 常用播种或分株繁殖，也可于夏季扦插繁殖。

园林用途： 常用于布置花坛及花境，也可作切花应用。

大花金鸡菊头状花序

大花金鸡菊植株

大花金鸡菊园林应用

科属：菊科松果菊属

形态特征：全株具粗毛，茎直立。基生叶卵形或三角形，基部下延，有长柄；茎生叶卵状披针形，叶柄基部稍抱茎。头状花序单生于枝顶，总苞5层，苞片披针形，革质，端尖刺状；舌状花1轮，淡粉至紫红色，瓣端2～3裂；中心管状花橙黄色。花期6～10月。

生态习性：喜光，耐寒，喜深厚肥沃富含有机质的土壤。

繁殖：常用分株或播种繁殖，能自播繁衍。

园林用途：可在园林中丛植，或作花境、花坛材料。还是良好的切花。

松果菊花序

松果菊茎生叶

松果菊花序

松果菊植株

101

菊 科

黄金菊

拉丁名：*Euryops chrysanthemoides × speciosissimus*

> **科属：** 菊科黄蓉菊属
>
> **形态特征：** 茎丛生；单叶互生，叶片长椭圆形，羽状深裂，裂片细窄，绿色。头状花序单生茎顶，舌状花1轮，管状花多轮，均为金黄色。花期4～12月。
>
> **生态习性：** 喜光，喜排水良好的中性或略碱性沙质壤土。
>
> **繁殖：** 常用播种或扦插繁殖。
>
> **园林用途：** 常用于布置花坛、花境，或丛植、片植于草地。

黄金菊花序侧面观

黄金菊花序

黄金菊茎、叶

黄金菊园林应用

科属：菊科大吴风草属

形态特征：植株幼嫩时密被柔毛，后渐脱落；叶莲座状基生，有长柄，叶片肾形，先端圆形，全缘或有小齿至掌状浅裂。头状花序辐射状，2～7排成伞房状；总苞钟形或宽陀螺形；舌状花8～12，黄色；管状花多数，黄色。花果期8～12月。

生态习性：喜半阴和湿润环境，不耐强光照射，耐寒。

繁殖：常用分株繁殖。

园林用途：宜大面积种植作林下或立交桥下地被，或丛植于林边阴湿地、溪沟边、岩石旁等。

大吴风草叶

103

大吴风草开花植株

大吴风草作林下地被

露地宿根花卉

菊　科　　　**50**　　　勋章菊
拉丁名：*Gazania rigens*

科属：菊科勋章菊属

形态特征：叶由根际丛生，叶披针形或倒卵状披针形，全缘或有羽裂，叶背密被白绵毛。头状花序，舌状花白、黄、橙红色，有光泽，基部常有深色眼斑及纵条纹。自然花期4～6月。

生态习性：喜光，忌高温、高湿与水涝，半耐寒。

繁殖：播种或分株。

园林用途：常用于布置花坛、花境，或盆栽观赏。

勋章菊盆栽

勋章菊花序

勋章菊花序

勋章菊花序

勋章菊园林应用

科属：菊科滨菊属

形态特征：植株高大，基生叶具长柄，倒披针形；茎生叶无柄，线形，叶边缘有细尖锯齿。头状花序大，直径达7 cm，单生于茎顶，舌状花白色，有香气；管状花黄色。花期5～10月。

生态习性：喜光，耐半阴，较耐寒，不择土壤。

繁殖：常用播种、分株或扦插繁殖。

园林用途：多用于庭院绿化或布置花坛、花境。

大滨菊茎、叶及花序

105

大滨菊植株

露地宿根花卉

科属：菊科蓍属

形态特征：茎直立，稍具棱，上部有分枝，密生白色长柔毛。叶无柄，矩圆状披针形，2～3回羽状深裂至全裂，小裂片线形。头状花序多数，密集成复伞房状。舌状花4～6，舌片近圆形，白、粉红或淡紫红色。花期6～8月。

生态习性：喜光，耐半阴，耐寒，喜弱碱性土壤。

繁殖：常用播种或分株繁殖。

园林用途：可装饰花坛、花境，也或盆栽或作切花、干花。

蓍淡粉色花

蓍叶片

蓍粉紫红色花

蓍园林应用

蓍白色花

科属：禾本科燕麦草属

形态特征：叶线形，宽1 cm，长10～15 cm，叶片中肋绿色，两侧呈乳黄色，夏季两侧由乳黄色转为黄色。圆锥花序狭长。

生态习性：喜光亦耐阴，喜凉爽湿润气候，耐寒，亦耐热。

繁殖：常用分株繁殖。

园林用途：用于布置花坛、花境，或用作地被。

花叶燕麦草

科属：禾本科小盼草属

形态特征：秆直立或基部曲膝，高40～60 cm。叶鞘平滑，与叶片无明显的界限；叶舌薄膜质，先端截平；叶片扁平，边缘微粗糙。圆锥花序下垂，开展；小穗柄细弱，长于小穗；小穗极扁，椭圆形。

生态习性：喜光，亦耐阴，适应性强。

繁殖：常用播种繁殖。

园林用途：多用于布置花境，或成丛、成群种植于疏林草地。

小盼草园林应用

小盼草小穗

小盼草花序

科属：禾本科羊茅属

形态特征：丛生草本，叶片常内卷几呈针状或毛发状，蓝绿色，具银白霜，圆锥花序狭窄，小穗具芒。

生态习性：喜光，耐寒，耐旱，耐贫瘠。

繁殖：常用播种或分株繁殖。

园林用途：适合作花坛、花境或道路两边镶边材料。

蓝羊茅开花植株

蓝羊茅植株

蓝羊茅开花植株

露地宿根花卉

禾本科 | **56** | 蒲苇
拉丁名：*Cortaderia selloana*

科属：禾本科蒲苇属

形态特征：秆丛生，高2~3 m。叶舌为一圈密生柔毛，毛长2~4 mm；叶片质硬，狭窄，簇生秆基，长1~3 m，边缘具锯齿，粗糙。圆锥花序稠密，长0.5~1 m，银白或粉红色。

生态习性：喜光，耐寒，性强健。

繁殖：播种或分株繁殖。

园林用途：庭院丛植或植于水岸边。

蒲苇植株

蒲苇花序

科属：禾本科狼尾草属

形态特征：秆直立，丛生。叶鞘光滑，两侧压扁，主脉呈脊，在基部者跨生状，秆上部长于节间，叶片线形，先端长渐尖，基部生疣毛。圆锥花序直立，刚毛状小枝常呈紫色，小穗通常单生。花期8~11月。

生态习性：喜光，耐半阴，喜冷凉，耐干旱，耐瘠薄土壤。

繁殖：常用播种或分株繁殖。

园林用途：宜在路边、草地丛植或作花境材料。

狼尾草园林应用

狼尾草花序

狼尾草植株

露地宿根花卉

科属：鸭跖草科紫露草属

形态特征：丛生草本，茎直立；叶片线形或线状披针形，叶基无毛；花簇生枝顶，花瓣3，蓝紫色，雄蕊6，花丝有念珠状长毛。花期4~10月。

生态习性：喜光，耐寒，耐瘠薄，耐旱，忌涝。

繁殖：多用分株繁殖，扦插也极易成活。

园林用途：用于布置花坛，或在城市花园广场、公园、道路、湖边、塘边等成片或成条栽植。

无毛紫露草花序

无毛紫露草植株

科属：鸭跖草科紫露草属

形态特征：茎匍匐；叶互生，长圆形或卵状长圆形，先端尖，基部鞘状抱茎。花小，多朵聚生呈伞形花序，白色，为2片叶状苞片所包被。花期夏秋季。

生态习性：喜半阴，较耐寒。

繁殖：扦插或分株繁殖。

园林用途：常用作疏林下地被，也可成片或成条栽植，或作边坡绿化。

白花紫露草叶片和花

白花紫露草林下应用

露地宿根花卉

鸭跖草科 | **60** | 紫竹梅
拉丁名：*Tradescantia pallida* 'purpurea'

科属：鸭跖草科紫露草属

形态特征：匍匐草本，叶片互生，狭长圆形，先端渐尖，基部鞘状抱茎，两面紫红色。花密生在二叉状的花序柄上，下具披针形苞片，苞片贝壳状，紫红色。花瓣紫色。花期5~10月。

生态习性：喜半阴及温暖、湿润气候，耐寒性不强。

繁殖：扦插非常容易生根。

园林用途：主要用作林下地被，也可盆栽观赏。江浙一带露地种植，冬季地上部分枯萎。

紫竹梅花

紫竹梅茎、叶

吊竹梅叶片正面

吊竹梅叶片背面

科属：鸭跖草科紫露草属

形态特征：匍匐草本，叶互生，无柄，基部鞘状抱茎；叶片椭圆状卵形至长圆形，叶面紫绿色，杂有银白色条纹，背面紫色。

生态习性：喜半阴，不耐寒，不耐旱而耐水湿。

繁殖：常用扦插或分株繁殖。

园林用途：用作林下地被或盆栽观赏。江浙一带露地种植，冬季地上部分枯萎。

吊竹梅园林应用

阿福花科　　　**62**　　　火炬花
拉丁名：*Kniphofia uvaria*

科属：阿福花科火把莲属

形态特征：丛生草本，叶基生，剑形，基部常"V"字形内折，抱合成假茎，假茎横断面呈菱形；总状花序着生数百朵筒状小花，花橙红色。

生态习性：喜光，稍耐阴，较耐寒。

繁殖：播种或分蘖繁殖。

园林用途：适宜布置花境或点缀假山石，也可作切花。

火炬花花序

火炬花植株

火炬花园林应用

科属：阿福花科萱草属

形态特征：根近肉质，中下部常纺锤状。叶条形，排成二列状。圆锥花序具6～12朵花或更多；花橘红或橘黄色，阔漏斗形，边缘稍波状，盛开时裂片反曲。花期5～8月。

生态习性：喜光又耐半阴，喜湿润也耐旱，耐寒。

繁殖：以分株繁殖为主。

园林用途：园林中多丛植于花境或路旁，也可用作疏林下地被。

萱草花

萱草叶丛

萱草植株

萱草花

117

露地宿根花卉

科属：天门冬科蜘蛛抱蛋属

形态特征：丛生常绿草本，匍匐根状茎有密节。叶单生，有坚硬、挺直长柄，叶片长椭圆状披针形或阔披针形，顶部渐尖，基部楔形。花葶自根茎抽出，紧附于地面，花被钟状，外面紫色，内面深紫色。花期春季。

生态习性：喜阴湿环境，忌干燥和阳光直射，耐寒性强，要求疏松而排水良好的土壤。

繁殖：常用分株繁殖。

园林用途：可丛植于建筑物北侧、疏林下或林缘，也是重要的观叶盆花。

蜘蛛抱蛋花

蜘蛛抱蛋盆栽

蜘蛛抱蛋园林应用

科属：天门冬科万年青属

形态特征：常绿草本，叶基生，带状或倒披针形，厚纸质，有光泽，全缘，常波状。花葶自叶丛中抽出，顶生穗状花序，花小，无柄，淡黄色，密集着生。花期5～6月。

生态习性：耐半阴，耐寒。

繁殖：常用分株繁殖。

园林用途：适宜丛植于疏林下或林缘。

万年青盆栽

万年青花序

万年青园林应用

119

露地宿根花卉

| 天门冬科 | **66** | 玉簪
拉丁名：*Hosta plantaginea* |

科属： 天门冬科玉簪属

形态特征： 叶基生成丛，具长柄，叶片卵状心形、卵形或卵圆形，先端近渐尖，基部心形，具弧形脉。顶生总状花序，花葶高出叶片，花白色，芳香，管状漏斗形，裂片6枚，短于筒部。花期6~8月。

生态习性： 耐寒，喜阴湿环境，忌强光直射。

繁殖： 常用分株或播种繁殖。

园林用途： 在园林中多用作林下或建筑物北侧地被植物，也可盆栽观赏。

玉簪园林应用

玉簪花序

玉簪园林应用

科属：天门冬科玉簪属

形态特征：叶基生成丛，叶片卵状心形、卵形至卵圆形。花紫红色或紫色，花被管突然扩大成钟状。紫萼与玉簪的主要区别是前者雄蕊完全离生，后者雄蕊下部贴生于花被管上。

生态习性：喜阴，忌强光直射，耐寒。

繁殖：以分株繁殖为主，也可播种。

园林用途：与玉簪相似。

紫萼花序

紫萼叶片

紫萼园林应用

121

露地宿根花卉

天门冬科　68　金边阔叶山麦冬

拉丁名：*Liriope muscari* 'Variegata'

科属： 天门冬科山麦冬属

形态特征： 叶基生，密集成丛，条形，边缘有黄色条纹，基部常为具膜质边缘的鞘所包。花葶生于叶丛中央，常较长，总状花序具多花；花被片淡紫色或白色。

生态习性： 喜半阴，耐湿也耐旱，耐热也耐寒。

繁殖： 常用分株繁殖。

园林用途： 多用作林下地被或道路镶边材料。

金边阔叶山麦冬作道路镶边

金边阔叶山麦冬花序

金边阔叶山麦冬作地被

科属：天门冬科沿阶草属

形态特征：根纤细，近末端具纺锤形小块根。花葶通常稍短于叶或近等长；花被片在花盛开时多少展开；花柱细长，圆柱形，基部不宽阔。

生态习性：耐阴，耐热也耐寒，耐旱也耐湿。

繁殖：常用分株繁殖，也可播种繁殖。

园林用途：沿阶草长势强健，耐阴性强，植株低矮，根系发达，覆盖效果好，常用作林下地被植物。

沿阶草花序

沿阶草植株

麦冬
拉丁名：*Ophiopogon japonicus*

科属：天门冬科沿阶草属

形态特征：根较粗，中间或近末端具椭圆形或纺锤形小块根。花柱一般粗短，基部宽阔，略呈长圆锥形；花被片几不展开；花葶通常比叶短得多，极少例外。果熟时蓝色。花期5~8月。

生态习性：耐阴，耐旱，较耐寒。

繁殖：常用分株或播种繁殖。

园林用途：常用作林下地被，或沿路边呈条带状种植。

麦冬果实

麦冬植株

麦冬花序

矮麦冬
拉丁名：*Ophiopogon japonicus* 'Kyoto'

科属：天门冬科沿阶草属

形态特征：麦冬栽培品种，矮小丛生草本，叶极短，长不足10 cm。其余同麦冬。

矮麦冬

吉祥草
拉丁名：*Reineckia carnea*

科属： 天门冬科吉祥草属

形态特征： 茎匍匐于地上，绿色，多节，顶端具叶簇；每簇有叶3～8枚，叶条形至披针形，基部"V"字形对折。穗状花序；花粉红色，芳香；浆果球形，熟时鲜红色。花果期7～11月。

生态习性： 性喜温暖、湿润的环境，较耐寒，耐阴。

繁殖： 常分株或播种繁殖。

园林用途： 常用作林下地被。

吉祥草花序

吉祥草园林应用

125

吉祥草果实

鸢尾科　　　　　　　　　**73**　　　射干
拉丁名：*Belamcanda chinensis*

科属：鸢尾科射干属

形态特征：地下茎短而坚硬；叶剑形，扁平，二列状嵌叠成扇状，被白粉，无中脉。二歧状伞房顶生；花序叉状分枝。花橙色至橘黄色，有紫褐色斑点，花瓣6，雄蕊3，花柱棒状，顶端3浅裂，花谢后，花被片螺旋形。蒴果倒卵形或长椭圆形，顶端常残存有凋萎的花被，成熟时室背开裂，果瓣外翻。花期6~8月，果期7~9月。

生态习性：喜光，耐干旱，耐寒，忌低洼积水。

繁殖：常用播种或分株繁殖。

园林用途：园林中常作基础栽植，或作花坛、花境配置。

射干花

射干果实

射干园林应用

科属：鸢尾科鸢尾属

形态特征：叶基生，无明显中脉，剑形。顶生总状圆锥花序；花淡蓝或蓝紫色；外花被片有黄色斑纹。花期3～4月。

生态习性：喜光，耐半阴，喜温凉气候，耐寒。

繁殖：分株。

园林用途：适用于花坛、花境，或疏林下成片栽植。

蝴蝶花花序

蝴蝶花花朵

127

蝴蝶花园林应用

露地宿根花卉

鸢尾科　　　　**75**　　　　鸢尾
拉丁名：*Iris tectorum*

科属：鸢尾科鸢尾属

形态特征：叶基生，黄绿色，宽剑形，无明显中脉。花蓝紫色，花被筒细长，上端喇叭形；外花被裂片圆形或圆卵形，有紫褐色花斑，中脉有白色鸡冠状附属物，内花被裂片椭圆形，爪部细。花期4~5月。

生态习性：喜光，耐半阴，耐旱，亦耐水湿。

繁殖：分株，播种。

园林用途：可用于布置花坛、花境，或用作地被。

鸢尾花

鸢尾植株

鸢尾园林应用

科属：鸢尾科鸢尾属

形态特征：叶绿色、灰绿色，常具白粉，剑形，稍弯，无中脉。花色因栽培品种而异，多淡紫、蓝紫、黄或白色。外花被裂片椭圆形或倒卵形，中脉有须毛状附属物，内花被裂片倒卵形或圆形，先端内曲。花期4～5月。

生态习性：喜光，稍耐阴，较耐寒，较耐干旱，不耐积水。

繁殖：常用分株繁殖。

园林用途：常用于布置花坛、花境。

鸢尾植株

德国鸢尾花

德国鸢尾园林应用

露地宿根花卉

常用花卉彩色图谱

科属： 芭蕉科芭蕉属

形态特征： 植株高2.5～4 m。叶长圆形，先端钝，基部圆形或不对称，叶面鲜绿色，有光泽，平行脉。花序顶生，下垂；苞片黄绿色至红褐色或紫色；雄花生于花序上部，雌花生于花序下部。

生态习性： 喜半阴，不喜强光直射。耐寒性不强，冬季地上部分容易枯死。

繁殖： 常用分株繁殖。

园林用途： 可丛植于庭前屋后，或植于院落窗前。

芭蕉园林应用

芭蕉花序

科属：芭蕉科地涌金莲属

形态特征：植株丛生，具水平向根状茎。假茎矮小，高不及60 cm，基部有宿存的叶鞘。叶片长椭圆形，两侧对称，有白粉。花序直立，直接生于假茎上，密集如球穗状，苞片干膜质，黄色或淡黄色。

生态习性：喜光，喜温暖，零度以下时地上部分易枯萎。

繁殖：常用分株繁殖。

园林用途：适宜配置于小庭院中，栽于窗前、墙隅，或点缀假山石。

地涌金莲花序

地涌金莲花序

131

地涌金莲植株

露地球根
花卉

球根花卉是指地下部分变态肥大的多年生花卉。按地下变态器官形态不同，又可将其分为以下5大类。

1.球茎类。地下茎短缩肥厚变成球形、扁球形，外部有数层膜质表皮，球体上常有环状茎节痕，其上长有芽和侧芽，条件适宜便能抽芽、开花或形成新球，如唐菖蒲。

2.块茎类。地下茎肥大变成不规则的块状、条状，其上部有一个或数个芽，届时抽生枝芽并开花；其基部着生根系。

3.鳞茎类。地下茎变态成极短且扁平的鳞茎盘，茎盘节上的叶变态而呈肉质、肥大的鳞片并互相抱合成球形、扁球形，鳞叶间能长出腋芽，形成茎、叶或小鳞茎；茎盘下端长出须状根系。根据有无纸质鳞茎皮包裹又可分为以下2类。

（1）有皮鳞茎。鳞茎球有纸质外皮包裹的，如水仙、郁金香。

（2）无皮鳞茎。鳞茎球的鳞片完全裸露的，如百合。

4.根茎类。地下茎肥大，主轴沿水平方向伸展，根茎有明显节与节间，节上有芽并可发生不定根，通常以顶芽形成花芽开花，侧芽形成分枝，如铃兰、美人蕉。

5.块根类。变态的根。根明显膨大，外形同块茎，有不定根，但上面没有芽；地上部分同宿根花卉，如大丽花、花毛茛。

科属：毛茛科毛茛属

形态特征：块根类球根花卉，茎单生，或少数分枝，有毛；基生叶阔卵形，具长柄，茎生叶无柄，为2回3出羽状复叶。花单生或数朵顶生。花期4~5月。

生态习性：喜凉爽及半阴环境，较耐寒，忌炎热，不耐积水。

繁殖：播种或分球繁殖。

园林用途：常用于布置花坛、花境，也可盆栽观赏。

花毛茛植株

花毛茛花

花毛茛花

花毛茛花

花毛茛花

露地球根花卉

酢浆草科 | **2** | 紫叶酢浆草
拉丁名：*Oxalis triangularis* 'Urpurea'

科属：酢浆草科酢浆草属

形态特征：具肉质鳞茎；叶基生，掌状三出复叶，小叶三角形，两角尖，紫红色。花粉色。

生态习性：喜光，也耐半阴，半耐寒，喜湿也耐旱。

繁殖：播种或分球。

园林用途：用于布置花坛、花境，也可用作地被。

紫叶酢浆草植株

紫叶酢浆草花

科属：酢浆草科酢浆草属

形态特征：具大而显著的块茎。掌状3小叶复叶基生，具长柄，小叶倒心形，叶背被软毛。伞形花序，花淡紫红色，带深紫色纵条纹。

生态习性：喜光，耐半阴，夏季休眠，耐寒。

繁殖：播种或分球繁殖。

园林用途：常用于布置花坛、花境，或用作地被，还可盆栽观赏。

关节酢浆草块茎

关节酢浆草花序

关节酢浆草植株

4

科属：菊科大丽花属

形态特征：块根棒状。茎多分枝。叶1～3回羽状全裂，上部叶有时不裂。头状花序有长花序梗，常下垂，舌状花1层，栽培品种多半重瓣或重瓣，白、红或紫色。花期6～12月。

生态习性：喜半阴，不耐干旱也不耐涝。

繁殖：常用播种、扦插或分株繁殖。

园林用途：适宜花坛、花境或庭前丛植，矮生品种可作盆栽。

大丽花叶片

大丽花园林应用

大丽花花序

大丽花花序

大丽花花序

科属：天门冬科蓝壶花属

形态特征：鳞茎类球根花卉，叶基生，半圆柱状线形，肉质，暗绿色，边缘常内卷。花葶直立，高15～20 cm，顶端簇生14～25朵小球状花；花有青紫、淡蓝、蓝紫、白、粉等色。

生态习性：喜温暖、凉爽气候，喜光亦耐阴；夏季休眠，耐寒。

繁殖：常用播种或分株繁殖。

园林用途：常作疏林下的地被或于花境、草坪上成片、成带及镶边种植。

葡萄风信子盆栽

葡萄风信子粉色花序

葡萄风信子园林应用

葡萄风信子花序

露地球根花卉

风信子

拉丁名：*Hyacinthus orientalis*

科属：天门冬科风信子属

形态特征：鳞茎球形或扁球形，叶4～9枚，肉质，基生，肥厚，带状披针形。花茎肉质，顶端着生总状花序；花冠漏斗状，分为蓝色、粉红色、白色、鹅黄、紫色、黄色、绯红色、红色8个品系。

生态习性：喜光，耐半阴，耐寒，忌积水。

繁殖：常用分球或播种繁殖。

园林用途：适于布置花坛、花境和花槽，也可盆栽或水养观赏，还可作切花。

风信子组合盆栽

风信子花序

风信子园林应用

风信子盆栽

科属：百合科郁金香属

形态特征：鳞茎卵形。叶3～4(5)枚，条状披针形或卵状披针形。花单朵顶生，大型艳丽；花被片红色或杂有白色和黄色，品种丰富。花期4～5月。

生态习性：喜光，耐寒，怕酷热，夏季休眠。

繁殖：分球或播种繁殖。

园林用途：布置花坛、花境，也可盆栽、水养，或用作切花。

郁金香

郁金香园林应用

郁金香

郁金香

郁金香

露地球根花卉

科属： 百合科百合属

形态特征： 鳞茎阔卵状球形或扁球形；外无皮膜，由多数肥厚肉质的鳞片抱合而成。地上茎直立，叶互生或轮生；线形、披针形至心形；具平行脉。花单生、簇生或呈总状花序；花大形，漏斗状，花被片6，白、粉、淡绿、橙、橘红、洋红及紫色，或有赤褐色斑点，常具芳香。

生态习性： 喜凉爽，较耐寒，喜干燥，不耐积水，不耐高温。

繁殖： 分球或鳞片扦插繁殖。

园林用途： 可用于布置花境，或作盆花、切花。

百合

百合花

百合花

百合植株

科属：石蒜科石蒜属

形态特征：鳞茎近球形，秋季出叶，窄带状，中脉具粉绿色带。花茎高约30 cm，顶生伞形花序有花4～7朵。花两侧对称，鲜红色，花被筒绿色。花期8～9月。

生态习性：喜阴，喜湿润，也耐干旱。耐寒，夏季休眠。

繁殖：播种或分球繁殖。

园林用途：常用作林下地被，也可布置花境，或草地上丛植及点缀山石。

石蒜

石蒜叶片

143

露地球根花卉

石蒜科

10

换锦花

拉丁名：*Lycoris sprengeri*

科属： 石蒜科石蒜属

形态特征： 鳞茎卵形。早春出叶，叶带状。伞形花序有花4~6朵；花淡紫红色，花被裂片顶端常带蓝色。花期8~9月。

生态习性： 喜光，耐半阴；喜湿，耐干旱，耐寒。

繁殖： 常用分球繁殖。

园林用途： 可作林下地被或布置花境。

换锦花花序

换锦花花序

科属：石蒜科葱属

形态特征：鳞茎类球根花卉，叶莲座状基生，灰绿色，长披针形，全缘，3～4轮排列。伞形花序球形，小花淡紫色。花期春夏季。

生态习性：性喜凉爽、阳光充足的环境，不耐阴，忌湿热多雨。

繁殖：常用播种或分球繁殖。

园林用途：大花葱可丛植于花境、岩石旁或草坪中作为点缀，也可作切花材料。

大花葱园林应用

大花葱花序

露地球根花卉

科属：石蒜科紫娇花属

形态特征：鳞茎类球根花卉，叶基生，多为半圆柱形，直立或斜展；中央稍空。顶生伞形花序，小花紫粉色。花期夏季。

生态习性：喜光，稍耐阴，耐热。

繁殖：常用分球或播种繁殖。

园林用途：适宜布置花境，或作地被植于林缘或草坪中。

紫娇花花序

紫娇花

紫娇花园林应用

科属：石蒜科水仙属

形态特征：鳞茎卵球形。叶扁平，线形，粉绿色。花葶稍高于叶，伞形花序有4～8花，花梗不等长，花被白色，副花冠短小，黄色，长不及花被的一半。花期1～2月。

生态习性：喜光，耐半阴，较耐寒，喜肥沃湿润而排水良好的黏质壤土。

繁殖：以分球繁殖为主。

园林用途：常用于布置花坛、花境，或疏林、草坪上成丛种植，也可盆栽水养布置案头、窗台。

水仙花序

水仙开花植株

露地球根花卉

石蒜科	**14**	黄水仙

拉丁名：*Narcissus pseudo-narcissus*

科属：石蒜科水仙属

形态特征：鳞茎球形。叶4～6枚，直立向上，宽线形，灰绿色而光滑，端圆钝。花茎高约30 cm，顶端生花1朵；黄色或淡黄色；副花冠稍短于花被或近等长，钟形至喇叭形，边缘具不规则齿牙和皱折。花期3～4月。本种有许多变种和园艺品种，还有重瓣品种。

生态习性：喜光，稍耐阴。喜排水良好的微碱性土壤。

繁殖：常用分球繁殖。

园林用途：适用于花坛、花镜，也可丛植于草坪中。

黄水仙

黄水仙

黄水仙

重瓣黄水仙园林应用

科属：石蒜科葱莲属

形态特征：鳞茎卵形，直径约2.5 cm，具明显的颈部。叶狭线形，稍肉质，具纵沟，暗绿色。花茎中空；花单生于花茎顶端；花被裂片6，白色。花期7～11月。

生态习性：喜光，耐半阴，较耐寒。喜肥沃、湿润、疏松的土壤。

繁殖：主要用分球繁殖，也可播种繁殖。

园林用途：用于林下、林缘或半阴处作园林地被植物，也可作花坛、花境的镶边材料。

葱莲花

葱莲植株

149

科属：石蒜科葱莲属

形态特征：鳞茎卵圆形，颈部较短，基生叶常数枚簇生，扁平线形。花单生于花茎顶端，花具明显筒部；花被裂片6，倒卵形，粉红色。花期6~9月。

生态习性：喜光，耐半阴，耐旱，耐高温。

繁殖：常用分球或播种繁殖。

园林用途：同葱莲。

韭莲花

韭莲植株

科属：石蒜科朱顶红属

形态特征：鳞茎近球形。叶6～8枚，花后伸长，带状。花葶自叶丛外侧抽出，总花梗中空，与叶片约等高，被白粉；伞形花序着花2～4朵，花大型，漏斗状，花洋红色稍带绿色。花期4～5月。

生态习性：喜光，但不耐强光曝晒。怕水涝，冬季休眠，较耐寒。

繁殖：常用分球和播种繁殖。

园林用途：配置花坛、花境或林下，也可盆栽观赏或作切花。

朱顶红鳞茎球

151

朱顶红花

朱顶红植株

露地球根花卉

夏雪片莲

拉丁名：*Leucojum aestivum*

科属：石蒜科雪片莲属

形态特征：鳞茎卵圆形，径2.5～3.5 cm。叶数枚基生，直立，宽条形，绿色。花茎中空，比叶稍高或近等高，顶生伞形花序有花1至数朵，下有佛焰苞状总苞片1枚；花下垂，白色；花被片先端具绿色斑点。花期3～4月。

生态习性：喜光，亦耐阴，喜湿。

繁殖：常用分球繁殖。

园林用途：丛植或用于草坪或园路镶边。

夏雪片莲花序

夏雪片莲叶片

夏雪片莲园林应用

科属：鸢尾科雄黄兰属

形态特征：球茎扁圆球形。叶多基生，条状剑形；茎生叶短而狭，披针形。花茎常2~4分枝，由多花组成疏散的穗状花序；花两侧对称，橙黄色，花被片6，2轮排列，披针形或倒卵形，花丝着生在花被管上。花期6~8月。

生态习性：喜光，耐寒，喜排水良好的沙质土壤。

繁殖：常用分球繁殖。

园林用途：布置花坛、花境，也可片植于草坪或湖畔，还是作切花的好材料。

雄黄兰花

雄黄兰花序

雄黄兰园林应用

153

露地球根花卉

鸢尾科　20　番红花
拉丁名：*Crocus sativus*

科属：鸢尾科番红花属

形态特征：球茎扁球形，外有黄褐色膜质皮包被。叶基生，9～15枚，条形，灰绿色，边缘反卷，叶丛基部有4～5片膜质鞘状叶。花1～2朵，淡蓝、红、紫或白色，花被片6，2轮排列。

生态习性：喜冷凉湿润和半阴环境，较耐寒，不耐积水，夏季休眠。

繁殖：常用分球繁殖。

园林用途：常用于布置花坛或岩石园，也可沿园路或草坪作镶边材料。

番红花园林应用

番红花植株

番红花花朵

科属： 鸢尾科鸢尾属

形态特征： 丛生草本，叶线形，中部有深纵沟，叶面粉质。花顶生，1~2朵，深蓝色，无花被筒，具提琴状的瓣柄，有黄色条纹或斑纹。

生态习性： 喜光，稍耐阴，喜冷凉，不耐酷热，夏季休眠。

繁殖： 常用分球繁殖。

园林用途： 用于布置花坛、花境或岩石园，也可疏林下成片种植。

西班牙鸢尾植株

西班牙鸢尾花

西班牙鸢尾花

155

露地球根花卉

美人蕉科

美人蕉

拉丁名：*Canna indica*

科属：美人蕉科美人蕉属

形态特征：高大直立丛生草本，高达1.5 m，植株绿色。叶卵状长圆形。总状花序疏花，略超出叶片之上；花瓣直立向上，狭窄，披针形，红色。花果期5～10月。

生态习性：喜光，喜温暖，较耐寒。不择土壤。

繁殖：常用分根茎法，也可播种繁殖。

园林用途：用于布置花境，或在草坪成片、成行种植。

美人蕉花序

美人蕉植株

科属：兰科白及属

形态特征：丛生草本，假鳞茎扁球形，黄白色，有数圈同心环节和棕色点状须根痕。叶互生，4~6枚，狭长圆形或披针形，先端渐尖，基部收狭成鞘并抱茎。总状花序具花3~10朵，花序轴多少呈"之"字形曲折，花大，紫红或淡红色，具紫色脉，萼片与花瓣近等长，狭长圆形。花期4~5月。

生态习性：喜半阴，喜疏松且排水良好的土壤，忌积水，冬季休眠。

繁殖：常用分球繁殖，也可于无菌培养基接种种子培养。

园林用途：宜在花境、岩石边丛植，更宜作林缘或疏林下地被植物。

白及开花植株

白及花朵

白及园林应用

露地水生
花卉

水生花卉是指生长于水中或沼泽地的具有观赏价值的草本植物。这些植物对水分的要求和依赖程度很大，具有其独特的形态结构和生物学习性。水生植物种类繁多，有的形态奇特，有的花朵艳丽、色彩斑斓，是公园、庭院水景绿化、美化的重要组成部分。

水生花卉按照其生活方式与形态特征分为4大类型：

1. 挺水花卉。根生长于泥土中，茎叶挺出水面，花开时离开水面。如莲、再力花、千屈菜、梭鱼草、水葱等。

2. 浮水花卉。根生长于泥土中，叶片漂浮于水面或略高于水面，花开时近水面。如睡莲、王莲、萍蓬草、菱等。

3. 漂浮花卉。根生长于水中，茎叶漂浮在水面上，可随水漂移，在水面的位置不易控制。如凤眼莲、大薸、槐叶苹等。

4. 沉水花卉。根生于泥中，茎叶沉于水中，是净化水质或布置水下景观的优良植物材料。如金鱼藻、苦草等。

科属： 三白草科三白草属

形态特征： 多年生湿生草本，高约1 m；茎粗壮，有纵长粗棱和沟槽。叶纸质，密生腺点，阔卵形至卵状披针形，顶端短尖或渐尖，基部心形或斜心形，茎顶端的2~3片于花期常为白色；叶脉明显下凹；叶柄基部与托叶合生成鞘状，略抱茎。顶生总状花序白色，无花被。果近球形。花期4~6月。

生态习性： 喜温暖湿润气候，耐阴，塘边、沟边、溪边等浅水处或低洼地均可栽培。

繁殖： 常用播种繁殖。

园林用途： 在水边进行条状配置或湿地成片作地被种植均有良好的景观效果。

三白草花序

三白草园林应用

161

露地水生花卉

科属：睡莲科睡莲属

形态特征：多年生浮水花卉，地下部分具横生或直立的块状根茎，生于泥中。叶丛生并浮于水面，圆形或卵圆形，边缘波状、全缘或有齿，基部深裂呈心脏形或近戟形，质稍厚，表面浓绿色，背面带红紫色；叶柄细长。花较大，单生于细长花梗顶端，浮于水面或挺出水上；萼片4，长圆形，外面绿色，内面白色，花瓣多数，有白色、粉色、黄色、紫红色以及浅蓝色等；雄蕊多数，心皮多数，合生，埋藏于肉质花托内，顶端具膨大呈辐射状的柱头；聚合果海绵质，成熟后不规则破裂，内含球形小坚果。花期夏秋季，单朵花期3～4天，依种类不同而午间开放、夜间闭合或夜间开放、白天闭合。

生态习性：睡莲类均喜阳光充足，通风良好，水质清洁、温暖的静水环境。要求腐殖质丰富的黏质土壤。一般水深10～60 cm均可生长。耐寒性因种类或品种而异。

繁殖：以分球繁殖为主，也可播种。

园林用途：睡莲类为重要的水生花卉，是水面绿化的主要材料，常点缀于平静的水池、湖面或盆栽观赏。也可作切花。

睡莲

睡莲

睡莲

睡莲

睡莲

睡莲

睡莲

睡莲

睡莲园林应用

睡莲叶背常带紫色

睡莲切花

科属：睡莲科王莲属

形态特征：大型多年生浮水植物，多作一年生栽培。地下部分具短而直立的根状茎。叶丛生，圆形，巨大，叶表面绿色，无刺，背面沿脉具坚硬长刺，叶缘直立约10 cm。花单生，大型，常伸出水面开放，花瓣多数，初开为白色，具白兰花之香气，第2天变淡红色至深红色，第3天闭合，沉入水中。花期夏秋季，于下午至傍晚开放，次晨闭合。

生态习性：喜温暖、阳光充足和水体清洁的环境。通常要求水温30～35℃。喜肥，尤以有机基肥为宜。

繁殖：多用播种繁殖。

园林用途：王莲叶奇花大，漂浮水面，十分壮观，常用于美化水面。

王莲花

王莲叶片

163

科属：睡莲科王莲属

形态特征：与王莲的区别是叶缘直立约20 cm。其余同王莲。

克鲁兹王莲

露地水生花卉

科属：睡莲科芡属

形态特征：一年生浮水植物。沉水叶箭形或椭圆肾形，叶柄及叶两面无刺；浮水叶革质，椭圆肾形至圆形，盾状，表面皱曲，绿色，下面带紫色，两面在叶脉分枝处有锐刺；叶柄及花梗皆有硬刺。花萼披针形，内面紫色，外面密生稍弯硬刺；花瓣矩圆披针形，紫红色，成数轮排列，向内渐变成雄蕊；无花柱，柱头红色，成凹入的柱头盘。浆果球形，污紫红色，外面密生硬刺；种子球形，黑色。花期7~8月，果期8~9月。

生态习性：适应性强，深水或浅水中均能生长，而以气候温暖，阳光充足，泥土肥沃之处生长最佳。

繁殖：播种繁殖，能自播繁衍。

园林用途：芡实适应性强，叶形、花形奇特，用于水面绿化颇有野趣。

芡实水面应用

芡实花

芡实叶、果

科属：睡莲科萍蓬草属

形态特征：多年生浮水植物。根茎肥大，呈块状，横卧泥中。浮水叶卵形、广卵形或椭圆形，先端圆钝，基部开裂，裂深约为全叶的1/3；纸质或近革质；表面亮绿色，背面紫红色，密被柔毛，沉水叶薄膜质且无毛。叶柄长，上部三棱形，基部半圆形。花单生，伸出水面；金黄色；萼片呈花瓣状；花瓣多且短小呈窄楔形；浆果卵形。花期5~7月。

生态习性：喜阳光充足，水质清洁的池沼、湖泊及河流浅水处。

繁殖：常用播种或分生繁殖。

园林用途：供水面绿化，也可盆栽观赏。

萍蓬草叶片

萍蓬草浆果

萍蓬草花

萍蓬草园林应用

露地水生花卉

莲 科　　　　　7

莲

拉丁名：*Nelumbo nucifera*

科属： 莲科莲属

形态特征： 多年生挺水植物。根茎肥大多节，横卧泥中，节间内有多数孔眼，节部缢缩，生有鳞片和不定根，并由此抽生叶、花梗及侧芽。浮叶盾状圆形，全缘或稍呈波状。幼叶常自两侧向内卷，表面蓝绿色，被蜡质白粉；背面常淡绿色，叶脉明显隆起。叶柄被短刺。花单生于花梗顶端，大型，具清香；萼片4～5枚，绿色，花瓣多数，因品种而异；花红色、粉红色、白色、乳白色和黄色；雄蕊多数；雌蕊多数离生，埋藏于膨大的倒圆锥形海绵质花托内，俗称"莲蓬"花托上有多数蜂窝状孔洞，于花后逐渐膨大，每一孔洞内含一椭圆形小坚果，俗称"莲子"。花期6～9月，果熟期8～10月。

生态习性： 喜阳光充足；喜温暖，但耐寒性也甚强；喜湿怕干，缺水不能生存，但水过深淹没立叶则生长不良，一般以水深不超过1 m为限。宜生长于静水或缓慢流水中。喜肥，要求富含腐殖质的微酸性壤土或黏质壤土。

繁殖： 常用分生繁殖，也可播种。

园林用途： 莲是良好的美化水面、点缀亭榭或盆栽观赏材料。

莲叶、花

莲重瓣花

莲花苞

莲蓬

莲园林应用

莲乳白色花

科属：千屈菜科千屈菜属

形态特征：多年生挺水植物，株高1 m以上。茎基部木质化，直立，多分枝，四棱形，单叶对生或轮生，披针形，全缘，基部广心形。穗状花序顶生；小花多数密集，花瓣6枚，紫红色；蒴果全包于宿存萼内。花期7~9月。

生态习性：喜强光以及通风良好的环境。喜水湿，通常在浅水中生长最好，但也可旱栽。耐寒性强，对土壤要求不严，但以表土深厚，含大量腐殖质的壤土为好。

繁殖：可用播种、扦插、分株等方法繁殖，以分株为主。

园林用途：宜水边丛植或水池栽植，也可作为花境背景材料和盆栽观赏。

千屈菜植株

千屈菜花序

千屈菜茎、叶

167

千屈菜水边应用

露地水生花卉

常用花卉彩色图谱

科属：小二仙草科狐尾藻属

形态特征：多年生水生或湿生花卉，茎下部具有沉水性，先端露出水面，叶5～7枚轮生，羽状深裂，裂片线形，粉绿色。花腋生。

生态习性：好温暖水湿、阳光充足的气候环境，不耐寒，入冬后地上部分逐渐枯死，以根茎在泥中越冬。

繁殖：扦插繁殖。

园林用途：园林中常用于水体或水岸边湿地种植，也可布置水族缸或盆栽于室内光线明亮处。

粉绿狐尾藻茎、叶

粉绿狐尾藻

粉绿狐尾藻

科属： 伞形科天胡荽属

形态特征： 多年生湿生草本，全株无毛，茎细长而匍匐，节上生根。叶圆形，叶柄盾状着生于叶中央，边缘浅裂，叶脉多数，10条以上。多轮轮伞状花序，每轮小花多数。

生态习性： 适应性强，喜光照充足的环境，喜温暖，怕寒冷，喜生于浅水、沼泽，也可生于岸边陆地上。

繁殖： 常用根状茎扦插繁殖。

园林用途： 可在水体岸边丛植、片植，是庭院水景造景，尤其是景观细部设计的好材料，还可用于室内水体绿化或水族箱栽培。

香菇草盆栽

香菇草水面绿化

香菇草叶片

香菇草露地应用

露地水生花卉

科属：睡菜科荇菜属

形态特征：多年生漂浮植物。茎细长柔软而多分枝，匍匐水中或生泥中；叶互生，卵形或卵状圆形，基部开裂呈心形，全缘或微波状，表面绿色而有光泽，背面带紫色，漂浮于水面。伞形花序腋生，花鲜黄色，萼片5裂，花冠5裂，裂片椭圆形，边缘具睫状毛，花冠喉部也有细毛；花期5～10月。

生态习性：性强健，对环境适应性很强，喜光，耐寒，喜生于静水的池塘或湖泊中。

繁殖：播种繁殖，常自播繁衍。

园林用途：可作水面绿化材料。

荇菜叶片、花

荇菜水面绿化

科属：睡菜科荇菜属

形态特征：多年生漂浮植物。茎圆柱形，不分枝，形似叶柄，顶生单叶。叶飘浮，近革质，宽卵圆形或近圆形，下面密生腺体，基部心形，全缘，叶柄短，圆柱形，长1~2 cm。花多数，簇生节上，5数；花梗细弱，圆柱形，不等长；花冠白色，基部黄色，分裂至近基部，冠筒短，具5束长柔毛，裂片卵状椭圆形，先端钝，腹面密生流苏状长柔毛。花期8~10月。

生态习性：同荇菜。

繁殖：同荇菜。

园林用途：同荇菜。

金银莲花

金银莲花

露地水生花卉

禾本科 　　13　　花叶芦竹

拉丁名：*Arundo donax* 'Variegata'

科属：禾本科芦竹属

形态特征：多年生高大直立草本。秆粗大直立，高3~6 m，坚韧，具多数节。叶鞘长于节间，无毛或颈部具长柔毛；叶舌截平，先端具短纤毛；叶片扁平，上面与边缘微粗糙，基部白色，抱茎，叶片上有黄白色条纹。圆锥花序极大型，分枝稠密，斜升。花期9~12月。

生态习性：花叶芦竹喜温暖，耐寒性不强，喜水湿，常生于河岸道旁沙质壤土上。

繁殖：常用分株繁殖法，也可用播种或扦插繁殖。

园林用途：常布置于自然式水体岸边或浅水处。

花叶芦竹

花叶芦竹叶

花叶芦竹园林应用

科属：禾本科芦苇属

形态特征：多年生挺水花卉，根状茎十分发达。秆直立，具20多节，节下被腊粉。叶鞘下部者短于而上部者长于其节间；叶舌边缘密生一圈长约1 mm的短纤毛，两侧缘毛长3～5 mm，易脱落；叶片披针状线形，无毛，顶端长，渐尖成丝形。圆锥花序大型，着生稠密下垂的小穗。

生态习性：芦苇分布广，适应性强，喜光，多生长于池沼、河岸、溪边浅水地区，形成苇塘。

繁殖：常用分株法繁殖，也可播种。

园林用途：常布置于自然式水体边缘浅水、沼泽处。

芦苇水面绿化

芦苇花序

芦苇水面绿化

露地水生花卉

菖蒲科 **15** 菖蒲
拉丁名：*Acorus calamus*

科属：菖蒲科菖蒲属

形态特征：多年生挺水花卉，根状茎稍扁肥，横卧泥中，有芳香。叶基生，二列状排列，剑状线形，端尖，基部鞘状，对折抱茎；中肋明显并在两面隆起，边缘稍波状。叶片揉碎后具香味。花茎似叶而稍细，短于叶丛；佛焰苞叶状；肉穗花序圆柱状长锥形；花小，黄绿色，浆果长圆形，红色。花期6~9月。

生态习性：菖蒲适应性强，喜半阴，多生长于沼泽溪谷边或浅水中，具有一定的耐寒性。

繁殖：常用分株繁殖，也可播种。

园林用途：菖蒲最宜作岸边或水面绿化材料，也可盆栽观赏。

菖蒲植株

菖蒲水边应用

菖蒲根状茎

科属：菖蒲科菖蒲属

形态特征：多年生挺水花卉，全株具香气。根状茎横卧地下或斜上生长。叶基生，细带状，比菖蒲短而窄，宽不足1 cm；翠绿色，柔软而光滑，无中肋，边缘膜质。花茎叶状而短，佛焰苞也较短；肉穗花序圆柱状端部渐细而微弯，与佛焰苞等长或稍长，果时花序可增粗；花小，淡黄绿色。花期4～5月。

生态习性：喜阴湿、温暖的环境，具有一定耐寒性，生长期忌干旱。

繁殖：常在早春进行分株繁殖。

园林用途：可栽植于水边或作林下、阴地环境的地被植物，或点缀于假山石隙中，还可盆栽观赏。

石菖蒲盆栽

石菖蒲花序

露地水生花卉

天南星科　　**17**　　大藻
拉丁名：*Pistia stratiotes*

科属：天南星科大藻属

形态特征：多年生漂浮花卉，有多数长而悬垂的根，须根羽状，密集。叶螺旋状排列，簇生成莲座状，叶形多变，倒三角形、倒卵形、扇形，以至倒卵状长楔形，先端截头状或浑圆，基部厚，二面被毛，基部尤为浓密；叶脉在叶背面明显隆起成褶皱状；佛焰苞极小，叶状，白色。花期5～11月。

生态习性：喜欢高温多雨的环境，适于在平静的淡水池塘、沟渠中生长。

繁殖：常用分株法繁殖。

园林用途：常用来点缀水面。有发达的根系，直接从污水中吸收有害物质和过剩营养物质，可净化水体。生长迅速，易逸为野生，使用时要注意控制蔓延。

大藻花序

大藻水面绿化

大藻植株

水金英水面绿化

科属：泽泻科水金英属

形态特征：多年生浮水花卉，茎圆柱形；叶簇生，光滑，卵形至近圆形，基部心形，全缘；花瓣3，黄色，花葶长；蒴果披针形。花期6～9月。

生态习性：常生于池沼、湖泊、塘溪中。喜日光充足、温暖、湿润的环境，低温或高温对植株的正常生长均会产生影响，在25～28℃的温度范围内生长良好，越冬温度不宜低于5℃。

繁殖：常在早春进行分株繁殖。

园林用途：可植于池塘边缘浅水处观赏，也可盆栽观赏，叶及花还可作切花配材，在插花作品中起点缀作用。

水金英水面绿化

水金英花

水金英花、叶

露地水生花卉

泽泻科　　　　19　　　泽泻
拉丁名：*Alisma plantago-aquatica*

科属： 泽泻科泽泻属

形态特征： 多年生挺水花卉。地下具卵圆形的根茎。叶基生，长椭圆形至广卵形，端短尖，基部心形或近圆形或阔楔形，两面光滑，绿色；具长柄，下部呈鞘状。花茎直立，顶端着生轮状复伞形花序，花两性，外轮花被片广卵形，边缘膜质，内轮花被片近圆形，远大于外轮，边缘具不规则粗齿，白色、粉红色或浅紫色。瘦果排列整齐，近圆形。花期5～10月。

生态习性： 喜气候温暖、阳光充足的环境；土壤以富含腐殖质而稍带黏性为宜，不喜土温过低，水位过深的地方。

繁殖： 通常分球繁殖，也可播种。

园林用途： 宜作沼泽地、水沟及河边绿化材料，也可盆栽观赏。

泽泻岸边绿化

泽泻水面绿化

泽泻花

科属：泽泻科慈姑属

形态特征：多年生挺水花卉。根状茎横走，末端膨大呈小球茎或无球茎，长椭圆形。叶基生，挺水叶箭形，通常顶裂片短于侧裂片，顶裂片先端尖；叶柄基部渐宽，鞘状。花葶直立，挺水。花序总状或圆锥状，分枝1轮。花单性；花被片反折，外轮花被片小，椭圆形或广卵形；内轮花被片白色或淡黄色，基部收缩。花果期5～10月。

生态习性：对土壤和气候适应性强，池塘、湖泊的浅水处、水田中或沟渠中均能很好生长，但最喜气候温暖、阳光充足的环境；土壤富含腐殖质而土层不太深厚的黏质壤土为宜。

繁殖：通常分球繁殖，也可播种。

园林用途：慈姑叶形奇特，适应性强，宜作水面、岸边绿化材料，也可盆栽观赏。

野慈姑叶片

野慈姑水边绿化

露地水生花卉

泽泻科　21　华夏慈姑

拉丁名：*Sagittaria trifolia* var. *Sinensis*

科属：泽泻科慈姑属

形态特征：为野慈姑栽培变种，与原种的区别是：植株更高大，粗壮；叶片宽大而肥厚，顶裂片先端钝圆，球茎球形至卵圆形；花序高大，分枝3轮。其余同野慈姑。

华夏慈姑园林应用

华夏慈姑花序

华夏慈姑植株

科属：泽泻科慈姑属

形态特征：根状茎匍匐，末端膨大呈球茎。挺水叶箭形，侧裂片与顶裂片等长，或稍长于顶裂片，叶柄呈海绵质，基部鞘状。花序总状或圆锥状，分枝少数。花单性；外轮花被片广卵形，内轮花被片大于外轮，白色，基部具紫色斑点；雌花通常1~3轮，花梗较粗壮，心皮多数；雄花多轮，花梗细弱，雄蕊多数。花期7~9月。

生态习性：在水塘静水处、沼泽、湖边及缓流溪沟处生长良好，喜光。

繁殖：分球或播种繁殖。

园林用途：可作浅水处水面或岸边绿化材料。

欧洲慈姑雌花

欧洲慈姑雄花

欧洲慈姑植株

181

露地水生花卉

香蒲科　　　**23**　　　水烛
拉丁名：*Typha angustifolia*

科属：香蒲科香蒲属

形态特征：多年生挺水花卉。叶片上部扁平，中部以下腹面微凹，背面向下逐渐隆起呈凸形，下部横切面呈半圆形，细胞间隙大，呈海绵状；叶鞘抱茎。花单性，同株，穗状花序呈蜡烛状，浅褐色；雄花序位于花轴上部，雌花序在下部，两者之间相距3~7 cm。花果期6~9月。

生态习性：水烛适应性较强，对环境条件要求不严，耐寒，喜光，喜深厚肥沃的泥土，最宜生长在浅水湖塘或池沼内。

繁殖：通常分株繁殖。

园林用途：水烛叶丛细长如剑，色泽光洁淡雅，最宜水边栽植，也可盆栽，其花序干制后为良好的切花材料。

水烛花序

水烛园林应用

水烛果序

科属：莎草科莎草属

形态特征：多年生挺水花卉。根状茎短粗，须根坚硬。秆稍粗壮，高30～150 cm，近圆柱状，基部包裹以无叶的鞘，鞘棕色。苞片20枚，长几相等，较花序长约2倍，向四周展开，平展；多次复出聚伞花序。花期8～11月。

生态习性：喜温暖、阴湿及通风良好的环境，适应性强，对土壤要求不严，以保水强的肥沃土壤最适宜。沼泽地及长期积水的湿地也能生长良好。较耐寒，冬季温度较低时地上部分枯萎，以根茎宿存泥土中越冬。

繁殖：播种、分株或扦插繁殖。

园林用途：风车草株丛繁密，形态奇特，园林中常配植于溪流岸边假山石的缝隙作点缀，别具天然情趣，但应尽可能选择在背荫处进行栽种，也可盆栽观赏或作插花材料。

风车草花序

风车草水边应用

科属：莎草科莎草属

形态特征：为风车草同属常见栽培种，其与风车草的主要区别是：苞片带状披针形，50枚以上密集成头状生于枝顶，长20～40 cm而下垂。

生态习性、繁殖方法、园林用途：同风车草。

纸莎草

露地水生花卉

莎草科	**26**	水葱
		拉丁名：*Schoenoplectus tabernaemontani*

科属：莎草科水葱属

形态特征：多年生挺水花卉。根状茎粗壮，具许多须根。秆高大，圆柱状，高1~2 m，平滑，基部具3~4个叶鞘，管状，膜质，最上面一个叶鞘具叶片，叶片线形。苞片1枚，为秆的延伸，直立，钻状。长侧枝聚伞花序简单或复出，假侧生。小坚果倒卵形或椭圆形。花期6~9月。

生态习性：对水肥要求较高，耐寒性强，冬季温度较低时地上部分枯萎，以根茎宿存泥土中越冬。

繁殖：播种或分株繁殖。

园林用途：园林中常配置于溪流岸边浅水处，也可盆栽置于庭院观赏。

水葱园林应用

水葱植株

水葱花序

科属：雨久花科凤眼蓝属

形态特征：多年生漂浮花卉。须根发达，悬垂水中。茎极短缩，叶由此丛生而直伸，叶柄长，中下部膨胀呈葫芦状海绵质气囊，基部具鞘状苞叶；叶片倒卵状圆形或卵圆形，全缘，鲜绿色而有光泽，质厚。花茎单生，近中部有鞘，端部着生短穗状花序；花葶紫色；花被片6，上面1片较大，中央具深蓝色块斑，斑中又具鲜黄色眼点。花期7～9月。

生态习性：对环境适应性很强，在池塘、水沟和低洼的渍水田中均可生长，最喜气候温暖、阳光充足的环境。具有一定耐寒性。喜生浅水、静水中，流速不大的水体中也能生长。繁殖非常迅速，一年中一单株可布满几十平方米水面。

繁殖：常用分株繁殖，也可播种。

园林用途：凤眼蓝不仅叶色光亮，花色美丽，叶柄奇特，而且适应性强，又有很强的净化污水能力，可以清除废水中的多种重金属和许多有机污染物质，是美化环境、净化水源的好材料，但在使用时一定要加以控制，防止泛滥。凤眼蓝的花还可作切花。

凤眼蓝花序

凤眼蓝开花植株

凤眼蓝叶片

雨久花科　　28　　梭鱼草
拉丁名：*Pontederia cordata*

科属：雨久花科梭鱼草属

形态特征：多年生挺水或湿生花卉。地下茎粗壮，叶丛生，叶柄绿色，圆筒形，叶片较大，卵状披针形，基部广心形。穗状花序顶生，通常高出叶面，小花密集，常50朵以上，花被裂片6，蓝紫色，上面1枚较大，中央有两个相连的黄色斑点。花期5～10月。

生态习性：喜光、喜肥，较耐寒，静水及水流缓慢的水域中均可生长，适宜在20 cm以下的浅水中生长。

繁殖：常用分株繁殖，也可播种。

园林用途：梭鱼草可用于家庭盆栽、池栽，也可广泛用于园林美化，栽植于河道两侧、池塘四周、人工湿地，与千屈菜、花叶芦竹、水葱、再力花等相间种植，具有较高观赏价值。

梭鱼草花序

梭鱼草盆栽

梭鱼草园林应用

雨久花科　　29　　白花梭鱼草
拉丁名：*Pontederia cordata* 'Alba'

科属：雨久花科梭鱼草属

形态特征：梭鱼草常见栽培品种，其与原种的主要区别是：花白色。

白花梭鱼草园林应用

白花梭鱼草花序

科属：鸢尾科鸢尾属

形态特征：多年生挺水或湿生花卉。根状茎粗壮，斜伸，节明显。基生叶灰绿色，宽剑形，基部鞘状，中脉较明显。花茎粗壮，有明显的纵棱，上部分枝，茎生叶比基生叶短而窄。花黄色，垂瓣卵圆形或倒卵形，爪部狭楔形，有黑褐色的条纹；旗瓣较小，倒披针形，直立；花丝黄白色，花药黑紫色；花柱分枝淡黄色，顶端裂片半圆形，边缘有疏锯齿；蒴果三棱状柱形。花期4~5月，果期6~8月。

生态习性：喜光，耐半阴；适应性强，耐湿亦耐旱，沙壤土及黏土均能生长；冬季地上部分枯死，根茎地下越冬。

繁殖：常用分株或播种繁殖。

园林用途：黄菖蒲叶片青翠，似剑若带，花大而美丽。可栽植于水湿洼地，池边湖畔、石间路旁，也可植于林荫树下作为地被植物，还可作切花材料或盆栽观赏。

黄菖蒲花

黄菖蒲水边应用

黄菖蒲蒴果

黄菖蒲陆地应用

187

露地水生花卉

科属：竹芋科再力花属

形态特征：多年生挺水花卉。株高1~2 m，全株被白粉。叶柄基部鞘状抱茎，整个叶柄贴茎向上伸展，至叶基弯折或反折；叶大，长卵形，灰绿色，边缘紫色。复总状花序，花小而多数，花瓣堇紫色。花期6~9月。

生态习性：喜阳光充足、温暖湿润的气候环境，在微碱性的土壤中生长良好。冬季地上部分枯死，以根茎在泥土中越冬。

繁殖：常用分株繁殖。

园林用途：再力花植株高大美观，常成片种植于湖泊、溪流、水渠浅水处或湿地，也可盆栽观赏或种植于庭院水体中。

再力花花序　　　　　　　　　　　　　　再力花叶片　　　　　　　　　　再力花花序

再力花水边应用

露地多浆花卉

　　露地多浆花卉是指茎、叶特别粗大或肥厚，含水量高，并在干旱环境中有长期生存力的露地花卉。多浆花卉主要分布在仙人掌科、景天科、大戟科、萝藦科、天门冬科等55个科内，这类植物大多具有发达的薄壁组织以贮藏水分，其表皮角质或被蜡层、毛或刺，表皮气孔少且经常关闭，以降低蒸腾强度，减少水分蒸发。露地多浆植物通常有很强的耐旱性，常用于布置屋顶花园或岩石园。

景天科

八宝

拉丁名：*Hylotelephium erythrostictum*

科属：景天科八宝属

形态特征：多年生草本。块根胡萝卜状。茎直立，高30～70 cm，不分枝。叶对生，少有互生或3叶轮生，长圆形至卵状长圆形，先端急尖，钝，基部渐狭，边缘有疏锯齿，无柄。伞房状花序顶生；花密生；萼片5，卵形；花瓣5，白色或粉红色，宽披针形，渐尖；雄蕊10，与花瓣等长或稍短，花药紫色；心皮5，直立，基部几分离。花期8～10月。

生态习性：喜强光和干燥、通风良好的环境，忌雨涝积水。在蔽阴处多生长不良。耐寒性强，能耐-20℃的低温。对土壤要求不严，喜肥，也较耐贫瘠，有一定的耐盐碱能力。

繁殖：常用扦插繁殖，也可分株繁殖。

园林用途：植株整齐，生长健壮，花开时似一片粉烟，群体效果极佳，是布置花坛、花境和点缀草坪、岩石园的好材料。

八宝花

八宝园林应用

八宝植株

八宝开花植株

科属：景天科费菜属

形态特征：多年生草本。根状茎短粗，茎直立，无毛，不分枝。叶互生，狭披针形、椭圆状披针形至卵状倒披针形，先端渐尖，基部楔形，边缘有不整齐的锯齿；叶坚实，近革质。聚伞花序有多花，水平分枝，平展，下托以苞叶。萼片5，线形，肉质，不等长，先端钝；花瓣5，黄色，长圆形至椭圆状披针形。花期6~7月。

生态习性：喜光、稍耐阴，耐寒，耐干旱瘠薄，在山坡岩石上和荒地上均能旺盛生长。

繁殖：常用分株、扦插繁殖，也可播种繁殖。

园林用途：费菜株丛茂密，枝翠叶绿，花色金黄，适应性强，适宜用于城市中一些立地条件较差的裸露地面作绿化覆盖，也可盆栽观赏。

费菜花序

费菜盆栽

费菜茎、叶

费菜园林应用

露地多浆花卉

景天科 　　　 3 　　　 垂盆草
拉丁名：*Sedum sarmentosum*

科属：景天科景天属

形态特征：多年生草本。茎匍匐而节上生根，直到花序之下。3叶轮生，叶倒披针形至长圆形，先端近急尖，基部急狭，有距。聚伞花序，有3～5分枝，花少；花无梗；萼片5，披针形至长圆形，先端钝，基部无距；花瓣5，黄色，披针形至长圆形，先端有稍长的短尖。花期5～7月。

生态习性：垂盆草喜温暖湿润、半阴的环境，适应性强，较耐旱、耐寒，不择土壤，在疏松的沙质壤土中生长较佳。对光线要求不严，一般适宜在中等光线条件下生长，亦耐弱光。

繁殖：常用扦插繁殖，也可播种。

园林用途：垂盆草常用于屋顶绿化或作地被、护坡、花坛栽植，亦可吊篮栽植供室内吊挂欣赏。

垂盆草茎、叶

垂盆草花序

垂盆草盆栽

科属：仙人掌科仙人掌属

形态特征：丛生肉质灌木。上部分枝宽倒卵形或近圆形，先端圆形，边缘通常不规则波状，基部楔形或渐狭，绿色至蓝绿色；小窠疏生，明显突出，成长后刺常增粗并增多，每小窠具3~10根刺，并密生灰色短绵毛和直立的倒刺刚毛。叶钻形，早落。花辐状，花被片黄色。浆果倒卵球形，顶端凹陷，基部多少狭缩成柄状，紫红色。花期6~10月。

生态习性：喜光，耐旱，喜温暖，怕寒冷，怕涝，适合在中性或微碱性土壤生长。

繁殖：常用扦插繁殖，也可播种。

园林用途：仙人掌可用于局部较温暖环境中种植，也可盆栽观赏。

仙人掌浆果

193

仙人掌花

仙人掌浆果

仙人掌茎、花

露地多浆花卉

温室一二年生花卉

温室一年生花卉是指在一个生长季完成生活史的温室花卉；温室二年生花卉是指在两个生长季完成生活史的温室花卉。温室一二年生花卉大部分以观花为主，常盆栽观赏。

报春花科

欧洲报春 / 西洋樱草
拉丁名：*Primula vulgaris*

科属： 报春花科报春花属

形态特征： 多年生草本，常作一二年生栽培。株高10～20 cm，叶基生，叶片长椭圆形或倒卵状椭圆形，钝头，边缘有不整齐锯齿，叶脉深凹，叶面皱，基部渐狭成有翼的叶柄。花葶多数，单花顶生，有香气，花径约4 cm；花有长花柱型和短花柱型2种，花色有粉、蓝、紫、黄、白、紫红等色，一般喉部黄色，还有花冠上有条纹、斑点、镶边的品种及重瓣品种。花期春季。

生态习性： 喜温暖湿润，夏季要求凉爽通风环境，不耐炎热，故在浙江常作温室二年生栽培。在酸性土中生长不良，栽培土壤中含适量钙质和铁质才能生长良好。

繁殖： 播种。

园林用途： 欧洲报春开花繁茂，花色鲜艳，是冬春季节重要的盆花。也可秋冬季在大棚育苗后用于春季花坛布置。

科属： 报春花科报春花属

形态特征： 宿根花卉，常作二年生栽培。全株被柔毛，叶卵圆形，先端圆形，基部心形或有时圆形，边缘具小牙齿或呈浅波状而具圆齿状裂片，中肋及侧脉在下面显著；叶柄基部增宽，多少呈鞘状。花葶1至多枚自叶丛中抽出，高出叶丛；伞形花序具2~13朵花，花萼杯状或阔钟状，5浅裂；花冠玫瑰红色，稀白色，喉部具环状附属物，裂片倒卵形，先端2裂；有长花柱花、短花柱花及同型花。花期以冬春为盛。

生态习性： 同欧洲报春。

繁殖： 播种。

园林用途： 鄂报春是冬春季节重要的盆花。

鄂报春盆栽

鄂报春盆栽

鄂报春花

鄂报春盆栽

鄂报春盆栽

温室一二年生花卉

荷包花科   **3**

荷包花 / 蒲包花
拉丁名：*Calceolaria crenatiflora*

科属：荷包花科荷包花属

形态特征：宿根花卉，常作温室二年生栽培。株高20～40 cm，上部分枝，茎、叶有茸毛；叶对生，卵形或卵状椭圆形，边缘有锯齿。花色变化丰富，单色品种具黄、白、红系各种深浅不同的花色；复色品种则在各种颜色的底色上，具有橙、粉、褐、红等色斑或色点。花型别致，具二唇花冠，上唇小，前伸；下唇膨胀呈荷包状，向下弯曲；花径3～4 cm。花期2～4月。

生态习性：喜凉爽、空气湿润、通风良好的环境。不耐严寒，又畏高温，要求光照充足。喜肥沃、忌土湿，宜排水良好的微酸性土壤。

繁殖：一般用播种繁殖，也可扦插。

园林用途：荷包花色彩艳丽，花型奇特，是深受人们喜爱的温室盆花，用于室内布置。

荷包花

荷包花盆栽

荷包花花序

荷包花植株

科属：菊科瓜叶菊属

形态特征：多年生草本，常作二年生栽培。全株密被柔毛。茎直立，草质。叶大，心脏状卵形，掌状脉，叶缘具波状或多角状齿，形似黄瓜叶。茎生叶叶柄有翼，基部耳状，基生叶叶柄无翼。头状花序簇生呈伞房状；每个头状花序具总苞片15~16枚，舌状花10~12枚，花紫红色，具天鹅绒状光泽。园艺品种众多，花型、花色丰富。花期12月至翌年4月。

生态习性：喜凉爽气候，冬俱严寒，夏忌高温。生长期间要求光线充足、空气流通并保持适当干燥。喜富含腐殖质而排水良好的沙质壤土。

繁殖：常用播种繁殖，也可扦插。

园林用途：瓜叶菊花色艳丽，栽培简单，花期长，是最习见的冬春代表性盆花。

瓜叶菊盆栽

瓜叶菊花

瓜叶菊花

瓜叶菊花

科属：豆科香豌豆属

形态特征：一二年生攀缘草本。全株被白色粗毛；茎有翼；羽状复叶，叶轴具翅，小叶1对（稀2对），顶部小叶变为卷须，卷须3叉，小叶卵状椭圆形，两端尖，叶背微被白粉；托叶披针形。总状花序腋生，着花2~4朵，高出叶面之上，花大，蝶形，旗瓣宽大；具芳香；原种旗瓣紫色，翼瓣天蓝色。园艺品种花色丰富，有白、粉、红、紫、黑紫、黄、褐等色，还有具斑点、斑纹的变化；荚果长椭圆形，被粗毛；种子圆形，褐色。

生态习性：喜日照充足，也耐轻阴，喜冬季温和、夏季凉爽的气候；为深根性花卉，栽培土层宜深厚。

繁殖：常用播种繁殖，也可扦插。

园林用途：香豌豆花姿优雅，色彩艳丽，轻盈别致，芳香馥郁，是冬春优良的切花。可用于插花、花篮、花圈、花束、餐桌装饰等。也是垂直绿化的良好材料，用以美化窗台、阳台、棚架等。矮生类型可盆栽或用于花坛镶边。

香豌豆园林应用

香豌豆茎

香豌豆荚果

香豌豆花

温室宿根花卉

  温室宿根花卉是指地下部分形态正常的温室多年生花卉。温室宿根花卉种类繁多，观赏价值高，有很多种类适应性强，是室内花卉布置的重要类型。

天南星科

1

花烛 / 红掌 / 安祖花
拉丁名：*Anthurium andraeanum*

科属：天南星科花烛属

形态特征：温室常绿宿根花卉，叶革质，鲜绿色，长椭圆状心形。花梗常超出叶上，佛焰苞阔心脏形，表面波状，有光泽；肉穗花序圆柱形，直立，带黄色。栽培品种多，花色丰富。全年均可开花。

生态习性：花烛全年需在高温多湿、适当庇荫的弱光条件下栽培，要求肥沃、疏松、排水良好的土壤。

繁殖：常采用分株、扦插和播种繁殖，现在生产上常用组织培养大量繁殖。

园林用途：花烛只要环境适宜，全年可以开花，切花水养期达半月以上，是重要的盆花和切花。

花烛佛焰苞、花序

花烛佛焰苞、花序

花烛果

花烛盆栽

花烛盆栽

科属： 天南星科白鹤芋属

形态特征： 温室常绿宿根花卉；植株丛生状，株高30～40 cm。叶长圆形或近披针形，两端渐尖，具明显的中脉；叶柄与叶片约等长，深绿色。花葶直立，高出叶丛；佛焰苞大而明显，椭圆形，向内翻卷，白色或微绿色，肉穗花序圆柱状，乳黄色。花期春至夏季。

生态习性： 喜高温高湿；较耐阴，怕强光曝晒，但长期光照不足，则不易开花。土壤以肥沃、富含腐殖质的壤土为好。

繁殖： 常采用分株繁殖，也可播种繁殖。

园林用途： 白鹤芋花茎挺拔秀美，盆栽点缀客厅、书房，显得高雅俊美。白鹤芋的花也是极好的花篮和插花装饰材料。

白鹤芋花序

白鹤芋花、叶

白鹤芋盆栽

温室宿根花卉

科属：天南星科麒麟叶属

形态特征：温室多年生常绿攀缘草本。节间具纵槽；多分枝，枝悬垂。叶柄两侧具革质、宿存达顶部的鞘；叶片大，薄革质，宽卵形、卵形或卵状长圆形，先端短渐尖，基部心形，翠绿色，通常有多数不规则的纯黄色斑块，全缘。

生态习性：喜温暖、湿润气候，稍耐寒；对光照要求不严，较耐阴；喜肥沃、疏松、排水好的土壤。

繁殖：常采用扦插繁殖。

园林用途：绿萝四季常绿，较耐阴，适应性强，是良好的室内观叶植物。可盆栽垂吊观赏，也可在盆中立柱令其攀缘而直立生长。

绿萝垂吊栽培

绿萝柱状栽培

绿萝盆栽

科属：天南星科藤芋属

形态特征：多年生常绿藤本。叶长圆形，基部心形，先端突尖，主脉稍偏离中央，叶绿色，质厚，上布满银色斑点或斑块。叶缘白色，叶背深绿色。

生态习性：喜温暖、湿润的半阴环境，耐阴蔽，不耐寒，怕烈日曝晒，忌盆土长期积水。

繁殖：常用扦插繁殖。

园林用途：常盆栽垂吊观赏，也可立柱作直立性盆栽，还可水培观赏。

星点藤

星点藤

天南星科

5

斜叶龟背竹 / 仙洞龟背竹
拉丁名：*Monstera obliqua*

科属：天南星科龟背竹属

形态特征：多年生蔓性草本。茎上着生有长而下垂的褐色气生根，可攀附他物向上生长；叶厚革质，互生，鲜绿色，幼叶心形，没有穿孔，长大后叶呈矩圆形，叶片上有大小不等的孔洞。肉穗花序，浆果。花期春季，果期秋冬。

生态习性：喜高温、高湿的环境，较耐阴。

繁殖：常用扦插繁殖。

园林用途：叶形奇特，四季苍翠，攀缘性强，可盆栽观赏，点缀客厅或窗台。

斜叶龟背竹

科属：天南星科广东万年青属

形态特征：温室常绿宿根花卉；茎直立，具环状的叶痕。叶卵形或卵状披针形，端渐尖至尾尖，叶柄中部以下鞘状。总花梗纤细，佛焰苞黄绿色，内白色，长圆状披针形，上部开口，下部常席卷；肉穗花序圆柱形，长为佛焰苞的2/3；花单性，雌雄同序，雌花序在下，雄花序在上。浆果绿色至黄红色，长圆形。花期5月。

生态习性：喜高温高湿，耐阴，忌强光直射。以疏松肥沃、排水良好的微酸性土壤为宜。植株生长强健，抗性强，病虫害少。

繁殖：常采用扦插和分株繁殖。

园林用途：常盆栽装饰居室、厅堂、会场等处。室内可于玻璃器具中茎插，既可欣赏四季青翠的叶片，又可观赏水中根系的伸展状况，还可用于切花配叶。

广东万年青盆栽

207

科属： 天南星科花叶万年青属

形态特征： 温室常绿亚灌木状宿根花卉；茎直立，叶常聚生茎顶，叶柄长 10～15 cm，基部约1/2呈鞘状。叶矩圆形至矩圆状披针形，全缘，叶面绿色，有白色或淡黄色不规则的斑纹。花序柄由叶柄鞘内抽出，短于叶柄，佛焰苞长椭圆形，下部席卷成管，远较檐部长，喉部张开；肉穗花序圆柱形，雌花远离，雄花多而密，雌雄花序之间被裸露或具少数不育花的花序轴隔开。浆果球形，橙黄色。

生态习性： 喜高温高湿，耐阴，忌强光直射。以疏松肥沃、排水良好的微酸性土壤为宜。

繁殖： 常采用扦插繁殖。

园林用途： 常盆栽装饰居室、厅堂、会场等处。

科属： 天南星科合果芋属

形态特征： 温室多年生常绿攀缘草本。叶互生，幼叶箭形或戟形，淡绿色，长约15 cm，叶面常有银色、奶白色或白色斑块，成长叶5～9掌状裂，中裂片椭圆状倒披针形至倒卵形，长约30 cm，基部裂片两侧常着生小型耳状叶；叶柄长达60 cm。总花梗苍白色，两侧稍压扁，直立或下垂；佛焰苞长10 cm，管部绿色或幼时苍白色，狭卵圆形至椭圆形，檐部绿白色、乳白色或有时黄色。栽培品种较多，叶色变化较大。花期秋季。

生态习性： 喜高温高湿，喜散射光，光线太强叶边会枯黄，而光线太暗则会让叶片无光，叶面花纹消退，冬季可全光照。喜疏松肥沃、排水良好的微酸性土壤，不耐旱。

繁殖： 常采用扦插繁殖。

园林用途： 常盆栽装饰居室、厅堂、会场等处。

合果芋品种

合果芋品种

209

合果芋品种

合果芋品种

合果芋

温室宿根花卉

天南星科

9

海芋

拉丁名：*Alocasia odora*

科属： 天南星科海芋属

形态特征： 温室大型常绿草本植物，具匍匐根茎，有直立的地上茎，基部长出不定芽条。叶多数，叶柄具鞘；叶片亚革质，箭状卵形，边缘波状，后裂片联合1/10～1/5；前裂片三角状卵形，先端锐尖，侧脉斜伸；后裂片多少圆形，弯缺锐尖。佛焰苞绿色，肉穗花序芳香。浆果红色，卵状。花期四季，但在密阴的林下常不开花。

生态习性： 喜高温、高湿的环境，在半阴和闷湿处生长最好，不喜空气流通。

繁殖： 常采用根茎扦插或分离萌蘖繁殖。

园林用途： 可用于居室及厅堂布置。

海芋植株

海芋花序

海芋地上茎

海芋植株

科属： 天南星科海芋属

形态特征： 直立草本。地上茎圆柱形，具环形叶痕，通常由基部伸出许多短缩的芽条，发出新枝，呈丛生状。叶柄绿色，由中部至基部强烈扩大成宽鞘；叶片膜质至亚革质，深绿色，背稍淡，宽卵状心形，先端骤狭具凸尖，基部心形；侧脉弧曲上升。花序柄圆柱形，稍粗壮，常单生。佛焰苞近肉质，管部长圆状卵形，淡绿至深绿色；檐部狭舟状，边缘内卷，先端具狭长的凸尖，外面上部淡黄色，下部淡绿色。肉穗花序比佛焰苞短。花期5月。

生态习性： 喜温暖、潮湿和半阴的环境。

繁殖： 常采用根茎扦插或分离萌蘖繁殖，还可播种繁殖。

园林用途： 可用于居室及厅堂布置。

尖尾芋叶片

尖尾芋植株

温室宿根花卉

11

箭叶海芋
拉丁名：*Alocasia longiloba*

科属：天南星科海芋属

形态特征：多年生直立草本；根茎圆柱形，下部生细圆柱形须根，上部被宿存叶鞘。叶柄绿色，基部强烈扩大成鞘状，向上渐狭；叶片绿色或幼时表面淡蓝绿色；成年植株叶片长箭形，前裂片长圆状三角形，先端渐尖；后裂片长三角形，基部联合2~3.5 cm，弯缺锐三角形。佛焰苞淡绿色，花期8~10月。

生态习性：同海芋。

繁殖：常采用分株或播种繁殖。

园林用途：常盆栽布置室内。

箭叶海芋

箭叶海芋

科属：天南星科喜林芋属

形态特征：温室多年生常绿攀缘植物。茎直立，稍呈木质化，生有大量气生根。叶簇生于茎顶，叶片二回羽状深裂，长约60 cm，浓绿色，有光泽；叶柄坚挺细长，可达80~100 cm。佛焰苞厚革质，外面黄白色；肉穗花序淡黄色。

生态习性：喜高温、高湿的环境，耐阴。

繁殖：常采用扦插繁殖。

园林用途：植株高大，株形别致，常盆栽布置厅堂、走廊、会议室等，美观大方。

春羽盆栽

213

春羽花序

春羽盆栽

天南星科 | **13** | 羽叶喜林芋
拉丁名：*Philodendron bipinnatifidum*

科属：天南星科喜林芋属

形态特征：茎呈半蔓性，着生气生根，攀附他物生长。叶片一回羽状深裂，裂片长圆形，大小不一。佛焰苞长可达15 cm，紫红色。

生态习性：喜高温、高湿的环境，耐阴。

繁殖：常采用扦插繁殖。

园林用途：盆栽布置室内。

羽叶喜林芋

科属：天南星科喜林芋属

形态特征：温室多年生常绿攀缘植物。鳞叶肉质，红色，背面有2条龙骨状突起。叶柄腹面扁平，背面圆形；叶片纸质，伸长的三角状箭形，基部心形。佛焰苞外面深紫色，内面胭脂红色，兜状舟形，肉穗花序。花期11月至翌年1月。

生态习性：喜高温、高湿的环境，不耐寒，耐阴性强，有散射光或灯光都能正常生长。

繁殖：常用扦插繁殖。

园林用途：红苞喜林芋叶片四季常绿而有光泽，耐阴性强，是良好的室内观叶植物。常盆栽置于室内观赏。

红苞喜林芋

红苞喜林芋

215

温室宿根花卉

天南星科 **15** 绿宝石喜林芋
拉丁名：*Philodendron erubescens* 'Green Emerald'

科属：天南星科喜林芋属

形态特征：为红苞喜林芋栽培品种，多年生常绿攀缘草本，节上具气生根；嫩叶的叶鞘、叶柄为绿色。叶卵状长圆形，长18~35 cm，先端钝或渐尖，基部宽心形，绿色，有光泽，质厚，全缘。

生态习性、繁殖、园林用途：同红苞喜林芋。

绿宝石喜林芋

科属：天门冬科吊兰属

形态特征：温室常绿宿根花卉。根状茎短。叶剑形，绿色，向两端稍变狭。花葶比叶长，常变为匐枝而在近顶部具叶簇或幼小植株；花白色，常2～4朵簇生，排成疏散的总状花序或圆锥花序；花被片6。蒴果三棱状扁球形。花期5月，果熟期8月。

生态习性：性喜温暖湿润及半阴的环境。好轻松肥沃的沙质壤土，冬季宜多见阳光，以保持叶色鲜绿。

繁殖：常采用分株或分走茎上的幼株繁殖。

园林用途：是最常见的室内盆栽观叶植物，宜置于架上或吊盆观赏。

吊兰花

吊兰植株

温室宿根花卉

天门冬科 | **17** | 金边吊兰
拉丁名：*Chlorophytum comosum* var. *marginatum*

科属：天门冬科吊兰属　　　　形态特征：吊兰常见变种，叶缘金黄色。

金边吊兰植株

金边吊兰花枝

天门冬科 | **18** | 银心吊兰
拉丁名：*Chlorophytum comosum* var. *mediopictum*

科属：天门冬科吊兰属

形态特征：吊兰常见变种，叶片沿主脉具黄白色宽纵纹。

银心吊兰

科属： 石蒜科君子兰属

形态特征： 温室常绿宿根花卉，根系肉质粗大，叶基部形成假鳞茎。叶2列状交互迭生，宽带形，革质，全缘，深绿色而有光泽。花葶自叶腋抽出，直立扁平；伞形花序顶生，下承托数枚覆瓦状苞片；花被片6枚，2轮，基部合生呈短筒。花色有橙黄、橙红、鲜红、深红等，花漏斗状。浆果球形，成熟时紫红色。

生态习性： 喜温暖湿润的半阴环境，生长期间应保持环境湿润。要求疏松肥沃、排水良好、富含腐殖质的沙质壤土，忌积水，以免烂根。

繁殖： 常采用播种或分株法繁殖。

园林用途： 君子兰花、叶、果兼美，观赏期长，可周年观赏，是布置会场、楼堂馆所和美化家庭环境的名贵花卉。

君子兰花序

219

君子兰植株

君子兰花序

温室宿根花卉

220

科属： 鹤望兰科鹤望兰属

形态特征： 温室常绿宿根花卉，根粗壮肉质，茎不明显。叶两侧排列，叶柄比叶片长2~3倍，有沟。叶片革质，长椭圆形或长椭圆状卵形，下部边缘波状。花数朵生于一与叶柄约等长或略短的总花梗上，下托一佛焰苞；佛焰苞舟状，绿色，边紫红，萼片披针形，橙黄色，箭头状花瓣基部具耳状裂片，和萼片近等长，暗蓝色；雄蕊与花瓣等长；花药狭线形，花柱突出，柱头3。花期9月至翌年6月。

生态习性： 喜温暖湿润，光照充足，但夏天宜放荫棚下栽培。耐旱力强，不耐水湿。盆土以肥沃、排水良好的稍黏质土壤为宜。

繁殖： 常采用分株繁殖。

园林用途： 鹤望兰花型奇特，花色艳丽，观赏价值极高。适宜布置在厅堂、门侧或做室内装饰。花为珍贵的切花，插瓶水养可欣赏15~20天。

鹤望兰叶柄基部两列状

鹤望兰植株

鹤望兰花序

鹤望兰植株

科属：胡椒科草胡椒属

形态特征：温室常绿宿根花卉。株高约30 cm，节间较短，节上常有气生根。单叶互生，茎及叶柄均肉质粗圆，叶柄较短，只有1 cm，叶椭圆形或倒卵形，叶端钝圆，叶基渐狭至楔形，叶面光滑有光泽，质厚而硬挺，穗状花序直立。

生态习性：喜温暖湿润及半阴的环境，稍耐干旱，不耐寒。

繁殖：常用扦插繁殖。

园林用途：植株玲珑可爱，叶形奇特，叶色碧绿如翠，且能长期在室内条件下正常生长，是一种非常适合案头陈列的小型观叶植物。

圆叶椒草植株

圆叶椒草

圆叶椒草花序

温室宿根花卉

科属：胡椒科草胡椒属

形态特征：多年生常绿草本，株高10～30 cm。叶肉质，肥厚，互生，全缘，叶边缘红色。肉穗花序。花期春季。

生态习性：同圆叶椒草。

繁殖：常用扦插繁殖。

园林用途：同圆叶椒草。

红边椒草

科属：胡椒科草胡椒属

形态特征：植株易丛生，茎直立生长，红褐色。叶3~4片轮生，具红褐色短柄，质厚，稍呈肉质，椭圆形，全缘，叶端突起，呈尖形，叶色深绿，新叶略呈红褐色，在光照充足条件下尤为明显，叶面有5条凹陷的月牙形白色脉纹。

生态习性：喜温暖、湿润的半阴环境，稍耐干旱，不耐积水，不耐寒。对空气湿度要求不是很高，能在干燥的居室内正常生长。

繁殖：常用扦插繁殖。

园林用途：白脉椒草株型小巧玲珑，叶片白、绿相间，对比强烈，给人以清爽宜人的感觉，盆栽陈设于案头、书桌、几架、窗台等处；也可数株高低错落合栽于一盆，配以奇石，制成小盆景，观赏价值更高。

白脉椒草

白脉椒草

科属：胡椒科草胡椒属

形态特征：植株矮小，茎簇生状，无主茎。叶近基部丛生，稍肉质，平滑无毛，盾状卵圆形，顶端尖，基部圆形，叶脉自中央向四周呈辐射状，绿色，脉间银灰色，极似西瓜皮，茎及叶柄紫红色。穗状花序，花小，白色。

生态习性：喜温暖、湿润、半阴及空气湿度较高的环境，不耐寒，又忌酷暑。

繁殖：常采用分株繁殖，也可用叶插繁殖。

园林用途：西瓜皮椒草株形矮小，生长繁茂，在室内可盆栽或吊挂观赏，是室内小型观叶花卉的珍品，常置于案头、茶几、花架、橱柜上，清新素雅，令人赏心悦目。

西瓜皮椒草植株

西瓜皮椒草叶片

科属：胡椒科草胡椒属

形态特征：簇生型植株，茎短；叶丛生于短茎顶，圆心形。叶面紫红色，叶背灰绿色，主脉及第一级侧脉向下凹陷，使叶面皱褶不平。穗状花序高于植株之上。

生态习性：喜温暖、湿润、半阴的环境及疏松、透气、排水良好的轻质培养土。

繁殖：常采用分株繁殖，也可用叶插繁殖。

园林用途：叶色美观，多盆栽，适合卧室、客厅、书房的几案上摆放观赏。

红皱椒草叶片

红皱椒草盆栽

科属： 荨麻科冷水花属

形态特征： 温室常绿宿根花卉。具匍匐根茎，茎肉质。单叶对生，叶多汁，倒卵形，边缘有不整齐的浅牙齿，中央有两条间断的白斑；3出脉；托叶草质，长圆形，早落。

生态习性： 喜温暖、湿润的气候，喜疏松肥沃的沙土，生长适温15～25℃，冬季不可低于5℃，较耐阴。

繁殖： 常采用扦插和分株繁殖。

园林用途： 花叶冷水花叶片秀美，较耐阴，可长期布置于有散射光的茶几、花架上，也可与其他植物配置，或作吊盆悬挂于墙角或显眼处。

花叶冷水花

花叶冷水花

科属：石竹科石竹属

形态特征：温室宿根花卉，高40～70 cm，全株无毛，粉绿色。茎丛生，直立，基部木质化，上部稀疏分枝。单叶对生，叶片线状披针形，顶端长渐尖，基部稍成短鞘。花常单生枝端，有时2或3朵，有香气，粉红、紫红或白色；花萼圆筒形，萼齿披针形；瓣片倒卵形，顶缘具不整齐齿；雄蕊长达喉部；花柱伸出花外。蒴果卵球形，稍短于宿存萼。花期5～8月，果期8～9月。

生态习性：喜凉爽，不耐炎热，喜阳光充足环境，喜保肥、通气和排水性能良好的土壤。

繁殖：常采用扦插繁殖。

园林用途：香石竹常用作切花，温室培养可四季开花，矮生品种还可盆栽观赏。

香石竹花、叶

香石竹花

香石竹盆栽

香石竹切花

香石竹花

227

温室宿根花卉

常用花卉彩色图谱

228

科属：秋海棠科秋海棠属

形态特征：多年生常绿草本。茎直立，肉质，光滑；叶互生，有光泽，卵圆形至广椭圆形，边缘有锯齿，叶基部偏斜，绿色、古铜色或深红色。聚伞花序腋生，花单性，雌雄同株，花有白、粉和红等色。雄花较大，花被片4；雌花较小，花被片5。蒴果三棱形。

生态习性：喜温暖，不耐寒，适宜空气湿度较大、土壤湿润的环境，不耐干燥，忌积水。喜半阴环境，夏季不可放阳光直射处。

繁殖：常用播种和扦插繁殖。

园林用途：多用于布置花坛或作立体绿化，也可盆栽观赏。

四季秋海棠幼果

四季秋海棠雄花

四季秋海棠雌花

四季秋海棠立体绿化

科属：苦苣苔科非洲菫属

形态特征：温室宿根花卉。叶基生，多肉质；卵圆形或长圆状心形，缘具浅锯齿，基部稍心形，两面密布同长的短粗毛，表面暗绿色，背面常带红晕。叶柄比叶长。总状花序，花1~8朵，菫色，花被片5，上2片较小。花期夏季。栽培品种多花色丰富，还有重瓣及斑叶品种。

生态习性：喜半阴及温暖、湿润的环境，夏季忌强光和高温，冬季不耐寒，喜疏松、肥沃、排水良好的腐殖质土壤。

繁殖：常采用播种、分株和扦插繁殖。

园林用途：非洲紫罗兰为小型温室盆花，花与叶均极美丽，花色绚丽多彩，花期甚长，是优美的窗台、案头点缀材料。

非洲紫罗兰

非洲紫罗兰

非洲紫罗兰

非洲紫罗兰

非洲紫罗兰

科属： 菊科非洲菊属

形态特征： 温室宿根花卉，株高约60 cm，全株具细毛。叶基生，多数；具长柄，羽状浅裂或深裂，顶裂片大，裂片边缘具疏齿，圆钝或尖，基部渐狭，叶背具长毛。头状花序单生，花序梗长，高出叶丛；舌状花大，倒披针形或带形，短尖，3齿裂；筒状花较小，常与舌状花同色，管端二唇状；冠毛丝状；园艺品种甚多，花色有白、橙、红、黄、粉和橘黄等。四季常开，以5~6月和9~10月为盛花期。

生态习性： 喜温暖、阳光充足和空气流通的环境。喜肥沃疏松、排水良好、富含腐殖质的沙质壤土，忌重黏土，宜微酸性土壤，在中性和微碱性土壤上也能生长。

繁殖： 常采用播种、分株和组织培养法繁殖。

园林用途： 非洲菊风韵秀美，花色艳丽，周年开花，装饰性强。且能耐长途运输，切花供养期长，为理想的切花花卉。也宜盆栽观赏，用于装饰厅堂、门侧，点缀窗台、案头等。

非洲菊

非洲菊

非洲菊

非洲菊

非洲菊

非洲菊

温室球根花卉

　　温室球根花卉是指地下部分变态肥大的温室多年生花卉。温室球根花卉中有些种类花期长、花大色艳，以观花为主，如仙客来、马蹄莲、大岩桐等；还有一些是适应性强、以观叶为主的种类，如雪铁芋。温室球根花卉常盆栽布置室内。

马蹄莲
拉丁名：*Zantedeschia aethiopica*

科属：天南星科马蹄莲属

形态特征：块茎褐色，肥厚肉质，在块茎节上，向上长茎叶，向下生根。叶基生；叶柄长，下部有鞘；叶片箭形或戟形，先端锐尖，具平行脉，叶面鲜绿，有光泽，全缘。花梗大体与叶柄等长，佛烟苞呈短漏斗状，喉部开张，先端长尖，反卷。肉穗花序黄色，短于佛烟苞，呈圆柱形；雄花着生在花序上部，雌花着生在下部。花有香气。浆果。花期12月至翌年6月。

生态习性：喜温暖，不耐寒；喜湿润，不耐干旱。稍耐阴，冬季需充足的日光，光线不足着花少。喜疏松肥沃、腐殖质丰富的沙质壤土。

繁殖：以分球繁殖为主。

园林用途：马蹄莲叶片翠绿，形状奇特；佛焰苞洁白硕大，常盆栽观赏，也是重要的切花。

马蹄莲植株

马蹄莲花序

科属：天南星科马蹄莲属

形态特征：多年生粗壮草本植物，具块茎。叶基生，叶片亮绿色，全缘，有的品种叶片具斑点。肉穗花序鲜黄色，直立于佛焰苞中央，佛焰苞似马蹄状，有白色、黄色、粉红色、红色、紫色等，品种很多。浆果。花期冬至春。

生态习性：喜温暖、潮湿、光线充足，不耐寒；夏季高温期休眠；要求疏松、排水良好、肥沃或略带黏性的土壤。对水分要求严格，忌干旱和积水。

繁殖：以分球繁殖为主。

园林用途：彩色马蹄莲叶柄修长柔软、花型奇特，是著名的切花和盆花。

彩色马蹄莲块茎

233

温室球根花卉

科属： 天南星科雪铁芋属

形态特征： 温室常绿草本植物，株高30～120 cm，有极短缩块茎。羽状复叶有小叶17～21片；叶柄基部明显膨大；小叶对生或近对生，卵形或长圆形，先端急尖，基部楔形或近圆形，厚革质，有光泽。花序由地下的块茎抽出；佛焰苞披针形，厚革质，外面绿色，里面白色；肉穗花序短，黄褐色。花期春季。

生态习性： 喜温暖，畏寒；喜半阴，忌强光曝晒；较耐干旱，要求土壤疏松肥沃、排水良好、富含有机质、呈酸性至微酸性。

繁殖： 常采用扦插或分株繁殖。

园林用途： 雪铁芋叶片常绿有光泽，又较耐阴，常盆栽布置室内。

雪铁芋

雪铁芋

科属：百合科春慵花属

形态特征：鳞茎卵球形，绿色，直径可达10 cm。叶5~6枚，带状或长条状披针形，长30~60 cm，宽2.5~5 cm，先端尾状并常扭转，常绿，近革质。花葶常稍弯曲；总状花序具多数、密集的花；苞片条状狭披针形，绿色，迅速枯萎，但不脱落；花被片矩圆形，白色，中央有绿脊；雄蕊稍短于花被片。花期7~8月，室内栽培冬季也可开花。

生态习性：喜光，亦耐半阴，夏季怕阳光直射；好湿润环境；较耐寒。

繁殖：常采用分球繁殖。

园林用途：适于盆栽作室内和北面阳台的观叶植物，赏心悦目。

虎眼万年青鳞茎

虎眼万年青盆栽

石蒜科	5	文殊兰
		拉丁名：*Crinum asiaticum* var. *sinicum*

科属： 石蒜科文殊兰属

形态特征： 常绿球根花卉。株高可达1m。鳞茎长圆柱形。叶多数密生，在鳞茎顶端莲座状排列，条状披针形，边缘波状。花葶从叶腋抽出，伞形花序着花10～20朵；花被片线形，宽不及1cm，花被筒细长；花白色，芳香。果实球形。花期7～9月。

生态习性： 喜温暖湿润的半阴环境，夏忌烈日曝晒。宜腐殖质丰富的土壤，耐盐碱。喜肥，生长期间要经常施肥。

繁殖： 常采用播种和分株繁殖。

园林用途： 文殊兰叶丛优美，花色洁白，芳香馥郁，宜作厅堂、会场布置。

文殊兰植株

文殊兰花序

科属：石蒜科文殊兰属

形态特征：鳞茎长圆柱形。叶多数密生，在鳞茎顶端莲座状排列，宽带形，全缘。花葶从叶腋抽出，伞形花序着花多朵；花被筒部暗紫色，花被裂片内面白色或带红色，有紫红色纵纹，反曲，其外侧紫红色，不能结实。

生态习性：喜温暖湿润以及半阴的环境，夏季忌烈日曝晒，生长温度为15～20℃，要求疏松肥沃、腐殖质含量高的沙质土壤。

繁殖：常采用分株繁殖。

园林用途：红花文殊兰叶丛秀美，花朵雍容华贵，常盆栽布置室内。

红花文殊兰植株

红花文殊兰花序

温室球根花卉

鸢尾科　　　　　　　　**7**　　　　　　小苍兰
拉丁名：*Freesia refracta*

科属： 鸢尾科小苍兰属

形态特征： 球茎类球根花卉。球茎卵形或圆锥形。基生叶约6枚，二列状互生，质较硬；线状剑形，花茎通常单一，高30～45 cm，花穗呈直角横折；花漏斗状，偏生一侧，直立着生；具芳香，花期春季。园艺品种非常丰富，花色有黄、白、粉、桃红、淡紫、大红、紫红等。

生态习性： 为秋植球根花卉，冬春开花，夏季休眠。喜凉爽湿润环境，要求阳光充足。耐寒力较弱，要求肥沃、湿润而排水良好的沙质壤土。

繁殖： 常采用播种和分球繁殖。

园林用途： 小苍兰株态清秀、花色浓艳、芳香馥郁、花期较长，是优美的盆花和著名的切花。为点缀厅堂、案头的佳品。

小苍兰花序

小苍兰白色花

小苍兰开花植株

小苍兰叶

小苍兰红色花

科属：报春花科仙客来属

形态特征：块茎扁圆形，肉质，外被木栓质。顶部抽生叶片，叶丛生，叶柄肉质，红褐色；叶片心脏状卵形，边缘具大小不等的圆齿牙，表面深绿色具白色斑纹；背面暗红色。花单生叶腋，花梗常长于叶柄，肉质；花瓣5枚，基部联合成短筒，开花时花瓣向上反卷而扭曲，形如兔耳。花色有白、粉、绯红、玫红、紫红、大红等，基部常有深红色斑；有些品种有香气。蒴果球形，种子褐色。花期冬春。

生态习性：喜凉爽、湿润及阳光充足的环境。夏季休眠。要求疏松、肥沃、排水良好而富含腐殖质的微酸性沙质壤土，生长期相对湿度以70%～75%为宜，盆土要经常保持适度湿润，不可过分干燥。

繁殖：常采用播种繁殖。

园林用途：仙客来花型别致，娇艳夺目，花期长，是冬春季节优美的盆花。常用于室内布置，摆放案头，点缀会议室和餐厅均可。

239

温室球根花卉

苦苣苔科　　　　9　　　　大岩桐
拉丁名：*Sinningia speciosa*

科属：苦苣苔科大岩桐属

形态特征：块茎扁圆形。株高12～25 cm，茎极短，全株密布绒毛。叶对生；长椭圆形或长椭圆状卵形；边缘有钝锯齿；叶背稍带红色。花梗比叶长，顶生或腋生，每梗一花；萼5裂，裂片卵状披针形，比萼筒长；花冠阔钟形，裂片5，矩圆形，花色有白、粉、红、紫堇青色等，还有重瓣品种。花期夏季。

生态习性：生长期要高温、潮湿及半阴环境，通风不宜过分，以保持较高的空气湿度。冬季休眠期保持干燥，栽植用土以疏松、肥沃而排水良好的腐殖质土壤为宜。

繁殖：主要采用播种繁殖，也可扦插及分球。

园林用途：大岩桐花朵大，花色浓艳多彩，花期很长。尤其在室内花卉较少的夏季开花，更觉可贵，宜布置窗台、几案、会议桌等。

温室多浆花卉

　　温室多浆花卉是指茎、叶特别粗大或肥厚，含水量高，并在干旱环境中有长期生存力的温室花卉。按植株形态，可将多浆植物分为叶多浆和茎多浆两类。叶多浆植物贮水组织主要分布在叶片器官内，因此叶形变异极大，如石莲花等。茎多浆植物贮水组织主要在茎器官内，因而从形态上看，茎占主体，呈多种变态，绿色能代替叶片进行光合作用；叶片退化或仅在茎初生时具叶，以后脱落，如仙人掌等。多数种类的温室多浆花卉体态小巧玲珑，适于盆栽布置室内或阳台。

阿福花科　　　　　　**1**　　　　　库拉索芦荟
拉丁名：*Aloe vera*

科属：阿福花科芦荟属

形态特征：大型草本，茎短，并逐渐木质化。叶肉质，外表灰绿色，呈莲座状簇生，叶片宽披针形，基部宽大，越到叶梢越窄；叶缘有软刺状锯齿。总状花序从上部叶腋抽出，花淡黄绿色，形似管状。花期冬春季。

生态习性：喜光；喜温暖，不耐寒；耐旱，怕涝；喜透水、透气性好、富含有机质的土壤。

繁殖：以分株繁殖为主，也可扦插繁殖。

园林用途：常盆栽布置室内。

库拉索芦荟植株

库拉索芦荟花序

库拉索芦荟叶片

科属：阿福花科芦荟属

形态特征：茎较短。叶近簇生或稍二列，叶面和叶背都有白色斑点，叶基部较宽，深绿色，边缘有软刺状锯齿。总状花序自叶丛抽出；小花橙黄色稍带红色斑点；花萼绿色；花被裂片先端稍外弯。蒴果三角形。花期春夏季。

生态习性：喜半阴，不耐寒；耐旱，不耐涝；以透水、透气性好，富含有机质的土壤为宜。

繁殖：以分株为主，也可扦插繁殖。

园林用途：常盆栽布置室内。

芦荟盆栽

芦荟地栽

芦荟盆栽

科属： 阿福花科芦荟属

形态特征： 多年生常绿多浆花卉。茎短缩。叶近簇生或稍呈2列，三角状披针形，肉质，边缘有细硬齿。总花梗自下部叶腋抽出，顶端有分枝；总状花序生于分枝顶端，轮廓为长圆状圆锥形；花多数，密生，花被片蕾时橙红色，尖端绿色，绽开后变为淡黄色。

生态习性： 喜温暖、不耐寒；喜充足而柔和的阳光，耐半阴，忌过于阴蔽；耐干旱，忌盆土积水。喜疏松透气、排水良好的沙质壤土。

繁殖： 常用分株或扦插繁殖。

园林用途： 常盆栽布置室内。

三角芦荟

科属： 天门冬科虎尾兰属

形态特征： 有横走根状茎。叶基生，常1~2枚，也有3~6枚成簇的，直立，硬革质，扁平，长条状披针形，有白绿色和深绿色相间的横带斑纹，边缘绿色，向下部渐狭成长短不等的、有槽的柄。花葶高30~80 cm；花淡绿色或白色，每3~8朵簇生，排成总状花序。花期11~12月。

生态习性： 喜温暖湿润气候，不耐寒，喜光又耐阴，耐干旱；对土壤要求不严，以疏松、排水良好的沙质壤土为宜。

繁殖： 以分株繁殖为主，也可用叶插繁殖。

园林用途： 虎尾兰叶片坚挺直立，叶面有横带斑纹，对环境的适应能力强，栽培利用广泛，为常见的室内盆栽观叶植物。适合布置和装饰书房、客厅、办公场所，可供较长时间欣赏。

虎尾兰植株

虎尾兰花序

虎尾兰叶片

温室多浆花卉

天门冬科 5 金边虎尾兰
拉丁名：*Sansevieria trifasciata* 'Laurentii'

科属：天门冬科虎尾兰属

形态特征：虎尾兰常见栽培变种，叶边缘具金黄色条纹。

金边虎尾兰

天门冬科 6 短叶虎尾兰
拉丁名：*Sansevieria trifasciata* 'Harnii'

短叶虎尾兰

科属：天门冬科虎尾兰属

形态特征：虎尾兰常见栽培品种，植株矮小，叶片短而宽，莲座状着生。

天门冬科 7 金边短叶虎尾兰
拉丁名：*Sansevieria trifasciata* 'GoldenHahnii'

科属：天门冬科虎尾兰属

形态特征：虎尾兰常见栽培品种，叶缘有金黄色至乳白色宽边，有时整个叶片都呈金黄或乳白色，只有中央的一小部分呈绿色。

金边短叶虎尾兰

科属：天门冬科虎尾兰属

形态特征：叶圆柱形，近直立，直径1~2 cm，顶端尖，深绿色，有灰白和深绿相间的虎尾状横带斑纹，有纵槽。

生态习性：喜光又耐阴；喜温暖，不耐寒；喜湿润，也耐干旱。对土壤要求不严，以排水性较好的沙质壤土较好。

繁殖：以分株繁殖为主，也可用叶插繁殖。

园林用途：棒叶虎尾兰叶型挺直，叶色精美别致，适合盆栽室内观赏。

棒叶虎尾兰盆栽

棒叶虎尾兰造型栽培

棒叶虎尾兰地栽

温室多浆花卉

天门冬科 **9** 金边龙舌兰
拉丁名：*Agave americana* var. *variegata*

科属：天门冬科虎尾兰属

形态特征：多年生植物。叶呈莲座式排列，大型，肉质，倒披针状线形，长1~2 m，基部略狭，边缘有黄白色条纹，叶缘具疏刺，顶端有1枚暗褐色硬尖刺。

生态习性：喜光，不耐阴；喜凉爽、干燥的环境，较耐寒；耐旱力强，对土壤要求不严，以疏松、肥沃及排水良好的湿润沙质土壤为宜。

繁殖：常用分株繁殖，也可播种繁殖。

园林用途：南方常作庭院绿化材料，其余地区可盆栽观赏。

金边龙舌兰植株

金边龙舌兰叶边缘具疏刺

金边龙舌兰叶顶端尖刺

科属：番杏科日中花属

形态特征：多年生常绿蔓性肉质草本，茎有分枝，稍带肉质，无毛，具小颗粒状凸起。叶对生，叶片心状卵形，扁平，顶端急尖或圆钝，具凸尖头，基部圆形，全缘。花单个顶生或腋生；花萼裂片4，2大2小，大的倒圆锥形，小的线形；花瓣多数，红紫色，线形；雄蕊多数。花期春至秋。

生态习性：喜光、耐半阴，夏季忌强光直射；耐干旱，不耐涝；喜通风环境，忌高温多湿；喜疏松、排水良好的沙壤土。

繁殖：常用扦插繁殖，也可播种繁殖。

园林用途：南方可用于花坛、休闲绿地、住宅小区的垂直绿化，也可作为疏林地被植物使用。其他地区可盆栽垂吊观赏。

露花花朵侧面观

露花花、叶

露花园林应用

露花园林应用

249

温室多浆花卉

景天科 **11** 长寿花

拉丁名：*Kalanchoe blossfeldiana*

科属： 景天科伽蓝菜属

形态特征： 多年生常绿多浆花卉，茎基部木质化，多分枝，新生分枝柔软常下垂。叶肉质，交互对生，长卵形，上部叶缘具波状钝齿，下部全缘，有光泽，绿色或带红色。花多数淡红、红色至橙红色，另有黄色、白色等及重瓣品种。排成聚伞花序，花冠高脚碟状，具4裂片。花期12月至翌年4月。

生态习性： 耐干旱，喜阳光充足，但夏季高温炎热时生长迟缓；冬季低温时叶片发红，花期推迟，0℃以下受害。对土壤要求不严，肥沃沙壤土较利其生长。

繁殖： 常用扦插繁殖。

园林用途： 株型紧凑，花朵繁密，花期长，是冬春盆栽摆设的优良花卉。

长寿花白色重瓣花　　　　长寿花黄色花　　　　长寿花粉色重瓣花

长寿花盆栽

科属： 景天科落地生根属

形态特征： 多年生肉质草本，全株无毛。茎直立，单生，褐色，高50～100 cm。叶肉质，交互对生，长三角形，基部有耳，具不规则的紫褐色斑纹，边缘有粗齿，缺刻处常长出不定芽。复聚伞花序顶生，下垂；花钟形，橙红色。花期2～4月。

生态习性： 喜温暖及阳光充足，耐干旱，不耐寒，要求排水良好的肥沃沙质壤土。

繁殖： 常用分生不定芽繁殖。

园林用途： 常盆栽布置室内。

大叶落地生根叶缘不定芽

大叶落地生根花序

大叶落地生根植株

科属： 景天科落地生根属

形态特征： 多年生肉质草本，全株无毛。茎直立，高达1 m，单一或基部分枝。叶肉质，互生或轮生，近圆柱状线形，灰绿色，有紫褐色斑纹，顶端常生出小植株。复聚伞花序顶生，花下垂；花萼钟状，裂片4，绿色；花冠管状，裂片4，橙红色。花期2~4月。

生态习性： 喜阳光充足，也耐半阴，喜干燥环境，要求排水良好的沙质壤土。

繁殖： 常用分生不定芽繁殖。

园林用途： 盆栽布置室内。

棒叶落地生根花序

棒叶落地生根叶缘不定芽

棒叶落地生根植株

科属：景天科青锁龙属

形态特征：常绿小灌木。茎圆柱形，老茎木质化，呈灰绿色，嫩枝绿色。叶长椭圆形，对生，扁平，肉质，全缘，先端略尖，略呈匙状，长3~5 cm，宽2~3 cm，叶色翠绿有光泽。夏秋开花，花瓣5枚，伞房花序，花白色或浅红色。

生态习性：喜温暖、干燥、通风的环境。耐寒力差，喜光，稍耐半阴。

繁殖：常用扦插繁殖。

园林用途：宜盆栽陈设于阳台或室内几桌上，显得十分清秀典雅。

燕子掌叶、花序

燕子掌盆栽

燕子掌花序

253

温室多浆花卉

大戟科 **15** 铁海棠 / 虎刺梅
拉丁名：*Euphorbia milii*

科属：大戟科大戟属

形态特征：常绿亚灌木，多分枝，茎肉质，具纵棱，密生硬而尖的锥状刺。叶互生，通常集中于嫩枝上，倒卵形或长圆状匙形，全缘，无柄或近无柄。花序2，4或8个组成二歧状复花序，生于枝上部叶腋；每个花序基部具2枚肾圆形总苞片，鲜红色；雄花数枚，雌花1枚。花期全年。

生态习性：喜光，耐旱，不耐寒。要求通风良好的环境和疏松的土壤，花期较长。

繁殖：常用扦插繁殖。

园林用途：盆栽观赏，可扎缚成各种形状。

铁海棠植株

铁海棠花枝

科属： 仙人掌科蟹爪兰属

形态特征： 附生性小灌木。叶状茎扁平多节，肥厚，卵圆形，鲜绿色，先端截形，边缘具粗锯齿。花着生于茎的顶端，花被开张反卷，花色有淡紫、黄、红、纯白、粉红、橙和双色等。浆果梨形。花期11月至翌年1月。

生态习性： 喜温暖湿润的气候及富含腐殖质的土壤；夏季应有遮阴，冬季需阳光充足。

繁殖： 常用扦插繁殖，也可用量天尺及仙人掌作砧木嫁接繁殖。

园林用途： 蟹爪兰在冬季开花，是重要的年宵花卉，常盆栽布置窗台、书桌等，也可垂吊观赏。

255

蟹爪兰浆果

蟹爪兰盆栽

蟹爪兰叶状茎

温室多浆花卉

仙人掌科　　**17**　　　　　昙花
拉丁名：*Epiphyllum oxypetalum*

科属：仙人掌科昙花属

形态特征：附生型肉质灌木，老茎圆柱状，木质化。叶状枝侧扁，披针形至长圆状披针形，边缘波状或具深圆齿，深绿色，无毛，中肋粗大，于两面突起；小窠排列于齿间凹陷处，无刺。花单生于枝侧的小窠，漏斗状，于夜间开放，芳香；花托筒多少弯曲，疏生披针形鳞片；花被片白色，倒披针形至倒卵形，先端急尖至圆形；雄蕊多数，排成两列，花丝白色，花药淡黄色；花柱白色；柱头15～20，狭线形，先端长渐尖，开展，黄白色。

生态习性：喜温暖、湿润及半阴的环境，生长季应充分浇水及喷水，夏日应有遮阳设备；冬季处于半休眠状态，应有充足的光照，盆土稍干燥些。

繁殖：常用扁平叶状茎扦插繁殖。

园林用途：常盆栽布置室内。

昙花

昙花

昙花植株

昙花

科属：夹竹桃科球兰属

形态特征：攀缘灌木，茎上有生气根。叶对生，肉质，卵圆形至卵圆状长圆形，顶端钝，基部圆形；侧脉不明显。聚伞花序伞形状，腋生，着花约30朵；花白色，直径2 cm；花冠辐状，花冠筒短，裂片外面无毛，内面多乳头状突起；副花冠星状。花期4～6月。

生态习性：喜半阴，夏季忌烈日曝晒，冬季要有充足光照，否则不能开花；喜温暖；在富含腐殖质且排水良好的土壤中生长旺盛。

繁殖：常用扦插或压条繁殖。

园林用途：常在室内明亮处搭架令其攀缘生长，也可盆栽垂吊观赏。

球兰叶、花蕾

球兰花序

球兰花

球兰叶、花序

温室多浆花卉

夹竹桃科 | **19** | 花叶球兰
拉丁名：*Hoya carnosa* var. *Marmorata*

科属：夹竹桃科球兰属

形态特征：为球兰栽培变种，与球兰区别为：叶缘有乳黄或乳白色斑块，嫩叶有时呈现粉红色、黄白色等色。

花叶球兰叶、花序

花叶球兰叶、花序

花叶球兰幼叶

科属：天门冬科天门冬属

形态特征：常绿攀援状亚灌木，高可达1 m。茎和分枝有纵棱。叶状枝每3（1~5）枚成簇，扁平，条形，先端具锐尖头；茎上的鳞片状叶基部具长3~5 mm的硬刺，分枝上的无刺。总状花序单生或成对，通常具十几朵花；花白色；花被片矩圆状卵形，长约2 mm；雄蕊具很短的花药。浆果熟时红色，具1~2颗种子。

生态习性：喜光照充足，也较耐阴；喜温暖，冬季最好保持5℃以上，极耐旱并耐瘠薄，但不耐积水。

繁殖：主要采用分株繁殖，也可播种。

园林用途：非洲天门冬栽培管理简单，耐阴性好，适于中小盆种植，用于室内布置；同时它也是插花衬叶的极好材料。

非洲天门冬果

非洲天门冬叶状枝

非洲天门冬花序

科属：天门冬科天门冬属

形态特征：非洲天门冬常见栽培品种，主枝开展，稍弯曲，但不下垂，分枝紧贴主枝。

狐尾天门冬植株

狐尾天门冬

温室亚灌木花卉

科属： 牻牛儿苗科天竺葵属

形态特征： 常绿亚灌木，茎肉质，叶互生，圆形乃至肾形，通常叶缘内有蹄纹。通体被细毛和腺毛，具鱼腥气味。伞形花序顶生，总花梗很长，花在蕾期下垂，花瓣近等长，下3瓣稍大。花色有红、淡红、粉、白等。有单瓣和重瓣品种，还有彩叶变种。除盛夏休眠外，其他季节只要环境条件适宜，皆可开花不断。

生态习性： 喜凉爽，怕高温，亦不耐寒。要求阳光充足。不耐水湿，稍耐干燥，宜排水良好的肥沃土壤。

繁殖： 以扦插为主，也可采用播种法。

园林用途： 天竺葵花序大，花色鲜艳，花期长，是重要的盆栽花卉，也可作为春季花坛材料。

天竺葵花叶品种

天竺葵

天竺葵

天竺葵

天竺葵

天竺葵花叶品种

天竺葵

天竺葵

天竺葵

同属常见栽培种类还有：

| 牻牛儿苗科 | 5 | 家天竺葵
拉丁名：*Pelargonium domesticum* |

形态特征：叶上无蹄纹，叶缘齿牙尖锐，不整齐；花大，径可达5 cm，数朵簇生于总梗上，花的上2瓣较宽，各有一块深色的块斑。花色有紫、紫红、红、绯红、淡红、白等色。花期4~6月，为一季开花种。

家天竺葵

家天竺葵

家天竺葵

| 牻牛儿苗科 | 6 | 香叶天竺葵
拉丁名：*Pelargonium graveolens* |

形态特征：半灌木，高约1 m。叶掌状5~7深裂，裂片再羽状浅裂，有气味。花桃红或淡红色，有紫色条脉，上2瓣较大。花期夏季。

香叶天竺葵

香叶天竺葵花序

香叶天竺葵

| 牻牛儿苗科 | 7 | 盾叶天竺葵
拉丁名：*Pelargonium peltatum* |

形态特征：茎半蔓性，多分枝，匍匐或下垂。叶盾形，有5浅裂，稍有光泽。花梗长7.5~20 cm，有4~8朵花，花有白、粉、紫褐、桃红等色。上2花瓣上有暗色斑点和条纹；下3瓣较小。花期冬春。

盾叶天竺葵

温室亚灌木花卉

科属：柳叶菜科倒挂金钟属

形态特征：常绿丛生亚灌木，茎近光滑，小枝细长；叶对生，披针状卵形或卵形，叶缘有齿，端尖，因品种不同叶的形状和大小有较大的变化；花腋生，花梗长达3～4 cm，花朵倒垂，萼筒与萼裂片近等长，深红色，裂片平展或上卷；花瓣4枚，重瓣品种花瓣可达10余片，园艺品种众多，花色多样，有紫、白、红、蓝诸色。

生态习性：喜凉爽而湿润的环境。不耐炎热高温，稍耐寒。冬季要求阳光充足，夏季宜置于半阴处，忌雨淋。要求腐殖质丰富、排水良好的肥沃沙质壤土。

繁殖：以扦插为主，也可采用播种法繁殖。

园林用途：倒挂金钟花色艳丽、花型奇特、花期很长，为我国习见盆栽花卉。适于室内点缀，可布置在花架、案头、窗台和会场，也宜作瓶插材料。

倒挂金钟

倒挂金钟

倒挂金钟

倒挂金钟

倒挂金钟

科属：菊科木茼蒿属

形态特征：常绿亚灌木。全株光滑无毛，多分枝。单叶互生，二回羽状深裂，裂片线形，先端尖。头状花序着生于上部叶腋，具长总梗，花径约5 cm；舌状花1～3轮，狭长线形，白色或淡黄色；筒状花黄色；花期全年。栽培品种多，舌状花颜色多，还有重瓣品种。

生态习性：喜凉爽湿润的环境。不耐炎热和雨水浸淋，夏季炎热多雨时叶片常发黄易脱落。耐寒力也不强。要求土壤湿润，但忌积水。以疏松肥沃、有机质丰富的沙质壤土为宜。

繁殖：主要采用扦插繁殖。

园林用途：木茼蒿株丛整齐，花繁色洁，花期很长。多用于作切花或盆栽。在温暖地区常用作花坛或花境材料。

温室亚灌木花卉

菊 科 | **10** | 蓝菊
拉丁名：*Felicia amelloides*

科属：菊科蓝菊属

形态特征：常绿亚灌木。高30~60 cm。单叶对生，叶片倒卵形，被糙伏毛。头状花序顶生，具长梗，花径约3 cm，舌状花蓝色，管状花黄色。花期4~6月。

生态习性：喜温暖及光照充足的环境，不耐寒，宜栽在排水良好的弱酸性土壤中。

繁殖：播种或扦插繁殖。

园林用途：花序挺出叶丛，花开整齐，花朵秀丽，花期长，可作地被或布置花境，也是盆栽观赏的好材料。

蓝菊

蓝菊

蓝菊

温室木本花卉

温室木本花卉是指在当地自然条件下不能露地栽培，需要在温室保护栽培的木本观赏植物。温室木本花卉种类繁多，很多具有很好的耐阴性，是室内花卉布置的重要类型。

科属：南洋杉科南洋杉属

形态特征：常绿乔木；大枝平展或斜展，幼树树冠尖塔形，老则平顶。侧生小枝密集下垂。幼树及侧枝之叶排列疏松，开展，锥形、针形、镰形或三角形，长7～17 mm，微具四棱；大树及花枝之叶排列紧密，前伸，上下扁，卵形、三角状卵形或三角形，长6～10 mm。

生态习性：喜温暖气候。喜半阴，不耐强光曝晒，不耐寒，不耐干旱。盆栽要求疏松肥沃、腐殖质含量较高、排水透气性强的培养土。

繁殖：扦插或播种繁殖。

园林用途：南洋杉主干通直，姿态优美，枝叶茂盛，具有较高的观赏价值，适合盆栽放置在门厅，也可用来布置会议室。

南洋杉

南洋杉

南洋杉

科属：棕榈科棕竹属

形态特征：常绿丛生灌木，高2~3 m。茎圆柱形，有节，径2~3 cm。叶掌状，4~10深裂，裂片条状披针形，不均等，长20~30 cm，具2~5肋脉，先端平截，边缘有不规则锯齿，横脉多而明显；叶柄长8~20 cm，稍扁平，截面椭圆形，顶端小戟突常半圆形，叶鞘淡黑色，裂成粗纤维质网状。花单性，雌雄异株。

生态习性：喜温暖湿润及通风良好的环境；极耐阴，不耐烈日曝晒；喜疏松肥沃的酸性土壤，不耐瘠薄和盐碱，不耐积水；稍耐寒，可耐0℃左右低温。

繁殖：分株或播种繁殖。

园林用途：棕竹丛生挺拔，枝叶繁茂，姿态潇洒，叶形秀丽，四季青翠，美观清雅，加上其耐阴性强，可长期在室内光线明亮的地方盆栽观赏。

棕竹植株

棕竹叶片

271

科属：棕榈科棕竹属

形态特征：棕竹的栽培品种，叶片具黄绿相间的条纹。耐阴性比棕竹稍弱，其他特征、习性等与棕竹相同。

花叶棕竹叶片

花叶棕竹植株

温室木本花卉

科属： 棕榈科棕竹属

形态特征： 丛生灌木，高2~3 m，甚至更高，带鞘茎直径1.5~2.5 cm，无鞘茎直径约1 cm。叶扇形，掌状深裂至基部2.5~6 cm处，侧边的裂得较深，裂片16~20片（最多达30片），线状披针形，裂片宽1.5~1.8 cm，通常具2条明显的肋脉，边缘及肋脉上具细锯齿，横小脉明显；叶柄较长，两面凸圆，边缘几乎是锐尖的，顶端具小戟突；叶鞘纤维褐色，整齐排列，较粗壮。

生态习性： 同棕竹。

繁殖： 分株或播种繁殖。

园林用途： 同棕竹。

多裂棕竹叶片

多裂棕竹盆栽

科属： 棕榈科坎棕属

形态特征： 植株高2～3 m；茎丛生，绿色，直径1～2.5 cm，有明显的叶痕环纹。叶深绿色，羽状，每边有13～32片羽片；羽片线状披针形，排列整齐，翠绿色，较窄长，末端两片较宽。雌雄异株；花序生于茎节上，多分枝，花黄色。果球形至椭圆形，熟时黑色；种子圆形。

生态习性： 喜高温高湿，较耐寒，耐阴，怕阳光直射。

繁殖： 常用播种或分株繁殖。

园林用途： 夏威夷椰子枝叶茂密、叶色浓绿，耐阴性极强，很适合室内栽培观赏，可用于客厅、书房、会议室、办公室等处绿化装饰。

夏威夷椰子果序

夏威夷椰子盆栽

夏威夷椰子花序

温室木本花卉

棕榈科 | 6 | 袖珍椰子
拉丁名：*Chamaedorea elegans*

科属：棕榈科坎棕属

形态特征：常绿小灌木，盆栽高度一般不超过1 m；茎单生或丛生，深绿色，上具不规则花纹；基部常有支柱根。叶羽状全裂，羽片12～14对，披针形，深绿色，有光泽，顶端两片羽叶的基部常合生为鱼尾状。肉穗花序腋生，花黄色，呈小球状，雌雄异株，雄花序稍直立，雌花序营养条件好时稍下垂，浆果橙黄色。花期春季。

生态习性：喜温暖、湿润和半阴的环境，较耐寒；栽培基质以排水良好、湿润、肥沃的壤土为佳。

繁殖：常用播种或分株繁殖。

园林用途：袖珍椰子植株小巧玲珑，株形优美，耐阴性强，十分适宜作中小型盆栽，置案头桌面、房间拐角处，可为室内增添生机盎然的气息。

袖珍椰子花序

袖珍椰子盆栽

科属： 棕榈科金果椰属

形态特征： 丛生灌木，高2~5 m，茎粗4~5 cm，基部略膨大。叶羽状全裂，平展而稍下弯，长约1.5 m，羽片40~60对，2列，黄绿色，表面有蜡质白粉，披针形，先端长尾状渐尖并具不等长的短2裂，顶端的羽片渐短。花序生于叶鞘之下，呈圆锥花序式，具2~3次分枝；花小，卵球形，金黄色，螺旋状着生于小穗轴上。花期5月。

生态习性： 喜温暖、潮湿、半阴环境；耐寒性不强，不能低于5℃，喜疏松、排水良好、肥沃的土壤。

繁殖： 常用播种或分株繁殖。

园林用途： 枝叶茂密，四季常青，耐阴性强。在热带地区的庭院中，多作观赏树栽种于草地、树荫、宅旁；其他地区常盆栽布置客厅、餐厅、会议室、书房、卧室或阳台，在明亮的室内可以较长时间摆放观赏；在较阴暗的房间也可连续观赏4~6周。

散尾葵盆栽

天南星科　　　8　　　龟背竹

拉丁名：*Monstera deliciosa*

科属：天南星科龟背竹属

形态特征：常绿攀缘灌木。茎粗壮，有多数深褐色的气生根。叶二列状互生，幼叶心脏形，无孔，全缘；成长叶卵状心形，羽状分裂，厚革质，暗绿色，近中脉处有穿孔；总花梗绿色，粗糙；佛焰苞厚革质，白色，舟状。花期8～9月。

生态习性：喜温暖潮湿环境，不耐干旱；耐阴，忌强光曝晒。喜排水良好的微酸性壤土。不耐寒。

繁殖：用扦插或播种繁殖。

园林用途：龟背竹常年碧绿、叶形奇特，茎节粗壮又似罗汉竹，且极为耐阴，是有名的室内大型盆栽观叶植物，常布置于厅堂、陈设于房间角隅，又是布置大型会场常用的绿植佳品。

龟背竹花序

龟背竹植株

科属：天门冬科朱蕉属

形态特征：常绿灌木，茎直立，高1~3 m。叶长圆形或长圆状披针形，长25~50 cm，宽5~10 cm，绿或带紫红色；叶柄有槽，基部抱茎。圆锥花序长30~60 cm，花淡红、青紫或黄色。花期11月至翌年3月。

生态习性：喜温暖湿润气候，喜半阴，不耐强光照射，不耐寒。喜富含腐殖质和排水良好的酸性土壤，忌碱土。

繁殖：扦插为主，也可压条或播种繁殖。

园林用途：朱蕉株形美观，色彩亮丽，用于室内装饰，优雅别致。露台养植宜放于半阴处，冬季不可室外越冬。

朱蕉植株

朱蕉

朱蕉花序

朱蕉叶柄基部

温室木本花卉

天门冬科　10　海南龙血树
拉丁名：*Dracaena cambodiana*

科属： 天门冬科龙血树属

形态特征： 常绿小乔木，高达4 m以上。茎不分枝或分枝，树皮灰褐色，幼枝有密环状叶痕。叶聚生于茎、枝顶端，几乎互相套叠，剑形，薄革质，长达70 cm，宽1.5～3 cm，向基部略变窄而后扩大，抱茎，无柄。圆锥花序长达30 cm以上；花每3～7朵簇生，绿白色或淡黄色。花期7月。

生态习性： 喜温暖、湿润、通风良好的环境。喜光，较耐阴，不耐寒。喜疏松、排水良好的土壤。

繁殖： 播种或扦插繁殖。

园林用途： 海南龙血树枝繁叶茂，树影婆娑，美观大方，粗根悬露，情趣盎然。是延年益寿、福运吉祥的象征，因此是受人欢迎的室内盆栽植物之一。

海南龙血树

海南龙血树

科属： 天门冬科龙血树属

形态特征： 常绿小灌木，株高可达3 m；丛生状，茎干直。叶簇生于茎顶，叶片细长，叶面绿色，具黄白色条纹带，并有红色细纹，叶缘红色。

生态习性： 喜高温多湿的气候条件。耐阴又耐强光，在半阴的环境中生长良好，耐旱，土壤以肥沃疏松、排水良好、湿润的沙质壤土为宜。生长缓慢。

繁殖： 以扦插繁殖为主。

园林用途： 叶细长茂盛，色彩缤纷明亮，常盆栽布置厅堂；热带地区可布置小庭院，栽植于花坛中心、草坪一角，能增添热带风情。

彩虹竹蕉

彩虹竹蕉

彩虹竹蕉

温室木本花卉

科属： 桑科榕属

形态特征： 常绿乔木，高达30 m，盆栽时往往呈小乔木或灌木状；树皮灰白色，平滑。叶厚革质，长圆形或椭圆形，全缘；叶柄粗，托叶膜质，脱落后有环状痕。榕果卵状长椭圆形，黄绿色。

生态习性： 喜温暖湿润的环境，对光线的适应性较强，喜光亦耐阴。不耐寒；喜肥沃湿润的酸性土，较耐水湿，忌干旱。

繁殖： 常用扦插繁殖。

园林用途： 印度榕叶片肥厚而绮丽，叶片宽大美观且有光泽，是优良的盆栽观叶植物。

印度榕

印度榕

科属：桑科榕属

形态特征：常绿小乔木，叶互生，纸质，叶片宽阔，呈提琴状，深绿色，表面具光泽，叶全缘，波浪状起伏，叶脉凹陷，先端膨大。苞片茶褐色。

生态习性：喜温暖、湿润环境；喜光，不耐阴；不耐寒；喜疏松、湿润且排水良好的土壤，不耐干旱。忌闷热，要求通风良好。

繁殖：扦插繁殖。

园林用途：株型高大，挺拔潇洒，叶片奇特，叶先端膨大呈提琴状，是理想的大厅内观叶植物，也可用于装饰会场或办公室。室内摆放时应放在明亮通风处。

大琴叶榕

大琴叶榕盆栽

大琴叶榕叶片

温室木本花卉

紫茉莉科 | **14** | 叶子花
拉丁名：*Bougainvillea spectabilis*

科属：紫茉莉科叶子花属

形态特征：藤状灌木，枝、叶密生柔毛；具枝刺，刺腋生、下弯。叶片椭圆形或卵形，基部圆形，有柄。花序腋生或顶生；苞片椭圆状卵形，基部圆形至心形，暗红色或淡紫红色，还有粉色、白色品种；花被管狭筒形，密被柔毛，顶端5～6裂，裂片开展，黄色。花期冬春间。

生态习性：不耐寒，耐高温，喜光，稍耐阴。

繁殖：扦插繁殖为主。

园林用途：叶子花可攀缘10多米高，可用来装饰花架、花廊、拱门和墙垣等。由于其耐寒性差，在浙江一带需保护越冬，宜盆栽观赏，保护越冬。

叶子花盆栽

叶子花

叶子花

叶子花

叶子花

叶子花

科属：樟科樟属

形态特征：常绿乔木，高约15 m，叶、枝及树皮干时几不具芳香气。枝条及小枝褐色，圆柱形，无毛。叶对生或近对生，卵圆形至长圆状卵圆形，具离基三出脉，侧脉自叶基约1 cm处生出，近叶片3/4处渐消失或不明显网结，有时近叶缘一侧各有一条附加的侧脉，细脉两面明显，呈浅蜂巢状网结。

生态习性：兰屿肉桂喜温暖湿润、阳光充足的环境，喜光又耐阴，不耐干旱，不耐积水，不耐严寒。

繁殖：播种繁殖，也可扦插。

园林用途：兰屿肉桂树形端庄，叶色亮绿，幼树耐阴性强，植株能散发出淡淡的香味，宜盆栽装饰厅堂、卧室或办公场所。

兰屿肉桂盆栽

兰屿肉桂叶

温室木本花卉

大戟科　**16**　变叶木
拉丁名：*Codiaeum variegatum*

科属：大戟科变叶木属

形态特征：常绿灌木或小乔木，高可达2 m。枝条有明显叶痕。叶薄，革质，形状大小变异很大，线形、线状披针形、长圆形、椭圆形、披针形、卵形、匙形、提琴形至倒卵形，有时由长的中脉把叶片间断成上下两片。顶端短尖、渐尖至圆钝，基部楔形、短尖至钝，边全缘、浅裂至深裂，两面无毛，绿色、淡绿色、紫红色、紫红与黄色相间、黄色与绿色相间或有时在绿色叶片上散生黄色或金黄色斑点或斑纹。

生态习性：喜高温、湿润和阳光充足的环境，喜湿怕干，不耐寒，冬季温度不低于13℃。温度在4~5℃时，会造成大量落叶，甚至全株死亡。

繁殖：常用扦插、压条繁殖，也可播种。

园林用途：变叶木叶形、叶色变化多样，深受人们喜爱，华南地区多用于公园、绿地和庭园美化，在长江流域及以北地区作盆花栽培，装饰房间、厅堂和布置会场。

变叶木

变叶木

变叶木

科属：大戟科麻疯树属

形态特征：常绿灌木，植物体有乳汁，乳汁有毒。单叶互生，叶形多样，卵形、倒卵形、长圆形或提琴形，叶基有2~3对锐刺。聚伞花序顶生，花单性，花瓣5，红色。蒴果。花期春季至秋季。

生态习性：喜光，稍耐半阴。喜高温、高湿环境，怕寒冷与干燥。喜生长于疏松肥沃富含有机质的酸性沙质土壤中。

繁殖：扦插繁殖为主。

园林用途：琴叶珊瑚花期长，花色艳丽，室内盆栽时宜放置于朝南的阳台、露台。

琴叶珊瑚植株

琴叶珊瑚叶片、花序

琴叶珊瑚花、果

琴叶珊瑚花花序

琴叶珊瑚花

温室木本花卉

大戟科 | 18 | 一品红
拉丁名：*Euphorbia pulcherrima*

科属：大戟科大戟属

形态特征：常绿灌木。根圆柱状，极多分枝。茎高达4 m。叶互生，卵状椭圆形、长椭圆形或披针形。苞叶5～7，窄椭圆形，长3～7 cm，全缘，稀浅波状分裂，朱红色。花果期10月至翌年4月。

生态习性：喜温暖、湿润气候，喜光，短日照植物，喜疏松肥沃、排水良好的沙质土壤。

繁殖：扦插繁殖为主，也可压条繁殖。

园林用途：一品红正值圣诞、元旦、春节期间开花，苞叶色彩鲜艳，观赏期长，盆栽布置室内环境可增加喜庆气氛；也适宜布置会议室、办公室等公共场所。

一品红盆栽

一品红

一品红

一品红

科属：锦葵科木槿属

形态特征：常绿灌木，高1~3 m；小枝圆柱形，疏被星状柔毛。叶阔卵形或狭卵形，边缘具粗齿或缺刻，两面除背面沿脉上有少许疏毛外均无毛。花单生于上部叶腋间，常下垂，花梗长3~7 cm，疏被星状柔毛或近平滑无毛，近端有节；小苞片6~7，线形；萼钟形，裂片5；花冠漏斗形，玫瑰红色或淡红、淡黄等色。花期全年。

生态习性：喜温暖、湿润环境，要求光照充足，不耐阴，不耐寒，不耐旱。耐修剪，发枝力强。对土壤的适应范围较广。

繁殖：扦插或嫁接繁殖。

园林用途：朱槿为美丽的观赏花木，花大色艳，花期长，品种丰富。朱槿适宜布置节日公园、花坛，或盆栽布置宾馆、会场及厅堂、阳台等场所。室内布置光线条件差时，不宜长时间摆放。冬季气温低于5℃时应搬到向阳温暖处保护越冬。

朱槿植株

朱槿

朱槿

朱槿

朱槿

温室木本花卉

科属： 锦葵科苘麻属

形态特征： 常绿灌木，高达1 m。叶掌状3～5深裂，裂片卵状渐尖，先端长渐尖，边缘具锯齿或粗齿。花单生于叶腋，花梗下垂，长7～10 cm，无毛；花萼钟形，长约2 cm，裂片5，卵状披针形，深裂达萼长的3/4；花钟形，橘黄色，具紫色条纹，长3～5 cm，直径约3 cm，花瓣5，倒卵形，外面疏被柔毛。花期5～11月。

生态习性： 喜温暖、湿润气候，不耐寒。喜光，稍耐阴。喜肥沃湿润、排水良好的微酸性土壤，耐瘠薄的土壤。

繁殖： 以扦插繁殖为主。

园林用途： 金铃花花色艳丽，花形可爱，可盆栽，也可布置花坛、花境，由于耐寒性差，江浙一带冬季需保护越冬，室内摆放时宜放在温暖向阳处。

金铃花植株

金铃花叶片

金铃花叶、花

金铃花

科属：锦葵科瓜栗属

形态特征：常绿乔木，茎干基部膨大，掌状复叶互生，小叶5～11，具短柄或近无柄，长圆形至倒卵状长圆形，渐尖，基部楔形，全缘。花单生枝顶叶腋；花瓣淡黄绿色，狭披针形至线形；雄蕊管较短，分裂为多数雄蕊束，每束再分裂为7～10枚细长的花丝，下部黄色，向上变红色。花期5～11月。

生态习性：喜温暖、湿润环境；喜光，稍耐阴；不耐寒。喜肥沃、疏松、排水良好的沙壤土，不耐积水。

繁殖：扦插繁殖，也可播种。

园林用途：马拉巴栗嫩枝柔韧性好，可进行多种造型设计，修剪后萌芽力和成枝力强，冠形整齐，四季常绿，加上其喻意好，非常受人欢迎。室内盆栽时宜放在明亮、通风处。

马拉巴栗

马拉巴栗

马拉巴栗

289

温室木本花卉

五加科	22	鹅掌藤 拉丁名：*Schefflera arboricola*

科属：五加科鹅掌柴属

形态特征：藤状灌木，高2~3 m，小枝有不规则纵皱纹，无毛。叶有小叶7~9；托叶和叶柄基部合生成鞘状；小叶片革质，倒卵状长圆形或长圆形，先端急尖或钝形，稀短渐尖，基部渐狭或钝形，上面深绿色，有光泽，下面灰绿色，全缘；小叶柄有狭沟。圆锥花序顶生；伞形花序十几个至几十个总状排列在分枝上；花白色。果实卵形，有5棱。花期7月。

生态习性：喜温暖、湿润气候，较耐寒；对光照适应范围广，在全日照、半日照、半阴下均可生长良好；对水分的适应性强，耐旱又耐湿；对土壤要求不严。

繁殖：常用扦插、压条繁殖，也可播种。

园林用途：鹅掌藤适应性强，长势好，是常见的盆栽观叶植物，可盆栽布置厅堂、会议室及转角处。

鹅掌藤盆栽

鹅掌藤叶片

鹅掌藤果实

五加科	23	花叶鹅掌藤 拉丁名：*Schefflera arboricola* 'Variegata'

科属：五加科鹅掌柴属

形态特征：鹅掌藤栽培品种，叶片上有不规则黄色斑纹。其余同鹅掌藤。

花叶鹅掌藤

科属：五加科幌伞枫属

形态特征：常绿乔木，树皮淡灰棕色。3~5回羽状复叶互生，长达50~100 cm，叶柄长15~30 cm；托叶小，和叶柄基部合生，小叶片在羽片轴上对生，椭圆形，全缘，纸质，椭圆形，先端短尖，基部楔形，两面均无毛，边缘全缘。圆锥花序顶生，主轴及分枝密生锈色星状绒毛，后脱落；伞形花序头状，花淡黄白色，芳香。

生态习性：性喜温暖湿润气候；喜光，亦耐阴；半耐寒，能耐5~6℃低温及轻霜，不耐0℃以下低温。较耐干旱、贫瘠，但在肥沃和湿润的土壤上生长更佳。

繁殖：以播种繁殖为主，也可扦插。

园林用途：幌伞枫树冠圆整，形如罗伞，羽叶巨大，奇特，为优美的观赏树种。在南方地区大树可作庭荫树及行道树，其他地区盆栽观赏，置于大厅、大门两侧，可展示热带风情。

幌伞枫叶柄及小枝

幌伞枫盆栽植株

幌伞枫叶片

温室木本花卉

马钱科

灰莉 / 非洲茉莉
拉丁名：*Fagraea ceilanica*

科属：马钱科灰莉属

形态特征：常绿乔木，有时附生于其他树上呈攀缘状灌木；树皮灰色。小枝粗厚，圆柱形，老枝上有凸起的叶痕和托叶痕；全株无毛。叶片稍肉质，椭圆形、卵形或倒卵形，顶端渐尖、急尖或圆而有小尖头，基部楔形，叶面深绿色；叶面中脉扁平，叶背微凸起，侧脉不明显；叶柄基部有由托叶形成的腋生鳞片，鳞片常多少与叶柄合生。花单生或组成顶生二歧聚伞花序；花萼绿色，肉质；花冠漏斗状，稍带肉质，白色，芳香。花期4~8月。

生态习性：喜温暖，好阳光，但要求避开夏日强烈的阳光直射；喜空气湿度高、通风良好的环境，不耐寒冷、干冻及气温剧烈下降；在疏松肥沃、排水良好的壤土上生长最佳；萌芽、萌蘖力强，特别耐反复修剪。

繁殖：播种、扦插为主，也可压条繁殖。

园林用途：灰莉株形丰满、叶片碧绿青翠，是常见的室内观叶植物，可用于布置厅堂及阳台。

灰莉花、叶

灰莉花

灰莉盆栽植株

科属： 紫金牛科紫金牛属

形态特征： 常绿灌木。叶革质或坚纸质，椭圆形至倒披针形，边缘波状。伞形或聚伞花序，花枝近顶端常具2～3片叶。花瓣白色，稀略带粉红色，盛开时反卷；萼片绿色，具腺点。果鲜红色具腺点。花期5～6月，果期10～12月。

生态习性： 喜温暖、湿润环境，不耐干旱，亦不耐积水，不耐寒。喜阴，不耐强光曝晒。喜疏松、排水良好和富含腐殖质的酸性或微酸性的沙质壤土。

繁殖： 播种或扦插繁殖。

园林用途： 朱砂根四季常青，株形优美，春夏淡红花朵飘香，秋末红果成串，绿叶红果，艳丽夺目，挂果时间长，加上其耐阴性强，是优良的室内盆栽观叶、观果植物。

朱砂根盆栽

293

朱砂根花序

朱砂根果序

| 夹竹桃科 | 27 | 狗牙花 拉丁名：*Tabernaemontana divaricata* |

科属：夹竹桃科山辣椒属

形态特征：常绿灌木，通常高达3 m，除萼片有缘毛外，其余无毛。叶坚纸质，椭圆形或椭圆状长圆形，短渐尖，基部楔形。聚伞花序腋生，通常双生，近小枝端部集成假二歧状，着花6～10朵；总花梗长2.5～6 cm；花冠白色，花冠筒长达2 cm；花期6～11月，果期秋季。

生态习性：喜高温、湿润环境；喜半阴，亦能在全光照下生长；不耐寒。喜肥沃、湿润且排水良好的酸性土壤。

繁殖：扦插为主，也可压条繁殖。

园林用途：狗牙花的花色纯净，花期长，适合作大型的盆栽。

狗牙花

狗牙花

狗牙花

| 夹竹桃科 | 28 | 花叶狗牙花 拉丁名：*Tabernaemontana divaricate* 'Varicgata' |

狗牙花栽培品种，叶缘有白色斑纹，其他特征同狗牙花。

花叶狗牙花

花叶狗牙花

科属：唇形科大青属

形态特征：常绿攀缘状灌木，高2~5 m。叶片纸质，狭卵形或卵状长圆形，顶端渐尖，基部近圆形，全缘，三出脉；叶柄长1~2 cm。聚伞花序腋生或假顶生，二歧分枝；苞片狭披针形；花萼浅红色，基部合生，中部膨大，有5棱脊，顶端5深裂；花冠深红色；花冠管长于花萼；雄蕊4，与花柱同伸出花冠外。花期3~11月。

生态习性：喜光，稍耐阴；喜温暖，不耐寒。

繁殖：以扦插繁殖为主。

园林用途：红萼龙吐珠花期长，花色艳丽，是装饰庭院、阳台、露台的优良盆花，浙江一带冬季需保护越冬。

红萼龙吐珠花萼

红萼龙吐珠花

295

红萼龙吐珠园林应用

红萼龙吐珠植株

温室木本花卉

紫葳科　　　　　30　　蒜香藤
拉丁名：*Mansoa alliacea*

科属： 紫葳科蒜香藤属

形态特征： 常绿蔓性灌木。具卷须，卷须生于叶腋；叶为二出复叶，深绿色椭圆形，具光泽。花腋生，聚伞花序，花冠筒状，先端5裂。花期春季至秋季。其花、叶在搓揉之后，有大蒜的气味，因此得名蒜香藤。

生态习性： 喜温暖、湿润气候，不耐寒；喜光，稍耐阴。对土壤适应性强。

繁殖： 扦插繁殖。

园林用途： 蒜香藤枝叶疏密有致，花多色艳。可装饰篱笆、围墙、凉亭、花架，或常盆栽在阳台作攀缘花卉或垂吊花卉。

蒜香藤花蕾

蒜香藤植株

蒜香藤叶

蒜香藤花序

蒜香藤花序

科属：紫葳科菜豆树属

形态特征：常绿小乔木。叶柄、叶轴、花序均无毛。二（稀三）回羽状复叶，叶轴长约30 cm，基部小叶卵形或卵状披针形，长4～7 cm，先端尾尖，基部宽楔形，侧生小叶片在近基部一侧疏生盘状腺体。聚伞状圆锥花序顶生或侧生，花序长25～35 cm；花冠钟状漏斗形，白或淡黄色。花期5～9月。

生态习性：喜温暖、湿润的环境；喜光，稍耐阴，耐寒性差，不耐干旱。喜疏松肥沃、排水良好、富含有机质的壤土和沙质壤土。

繁殖：播种或扦插繁殖。

园林用途：菜豆树叶子茂密青翠，给人以幸福的寄愿，是受人喜爱的室内观赏盆栽植物，可摆放在阳台，卧室，门厅等处。室内装饰应用时不宜长期置于阴蔽处，尤其是冬季，必须放在向阳、温暖处。

菜豆树盆栽

菜豆树盆栽

297

温室木本花卉

科属：爵床科黄脉爵床属

形态特征：常绿灌木，高达2 m。叶长圆形或倒卵形，先端渐尖或尾尖，基部楔形或宽楔形，下延，边缘有波状圆齿；叶脉常金黄色。顶生穗状花序，花冠5 cm，冠管4.5 cm，冠檐5～6 mm；雄蕊4，花丝细长，伸出冠外，疏被长柔毛；花柱细长，柱头伸出管外，高于花药。

生态习性：喜温暖、湿润环境，喜半阴，忌强光直射。喜疏松、肥沃的土壤，不耐干旱。不耐寒。

繁殖：扦插繁殖。

园林用途：黄脉爵床叶片碧绿，叶脉金黄，黄绿相间，色彩艳丽，其植株枝叶茂密，又具有一定的耐阴性，适宜装饰厅堂或会场。冬季应摆放在朝南向阳处。

黄脉爵床花序

黄脉爵床植株

黄脉爵床植株

黄脉爵床

黄脉爵床

兰科花卉

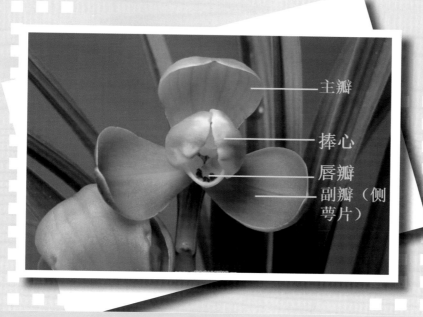

主瓣

捧心

唇瓣

副瓣（侧萼片）

　　全世界约有兰科植物700属2万种以及大量的变种、品种等，主要产于热带地区；中国大约有173属1 200种和大量的变种、品种等。如从生境上来分，兰花主要可分为两大类：一类是生于树上或岩石上，称附生兰或气生兰，它们大多是依附于有苔藓、腐殖质和积土的树干，树杈或岩壁上；另一类是地生兰，生于地面上，一般是砾石和腐殖质的沙质壤土上，极少生于沼泽或湿土上；此外，还有少数自身无叶绿素，不进行光合作用而主要靠真菌提供养分的，称腐生兰，也是地生，多见于腐殖质和枯枝落叶丰富的地方。

　　兰科植物花具花萼和花瓣各3片，雌雄蕊合生为蕊柱。3枚花萼，中间1枚为中萼片，俗称"主瓣"，两侧各有一枚侧萼片，俗称"副瓣"。花萼之内为3枚花瓣，两枚侧花瓣俗名"捧心"，中间的花瓣特化为唇瓣，俗称"舌"，唇瓣上常有斑点和各种色彩。

科属： 兰科兰属

形态特征： 根肉质白色，假鳞茎呈球形，较小。叶4～6片集生，狭线形，长20～40 cm，宽0.6～1.1 cm，边缘无齿或具细锐齿，叶脉明显，不透明。花单生，偶有2花者；花葶直立，有鞘4～5片；花黄绿色，亦有近白色或紫色品种；有香气。品种甚多，花被片形态多样，花期2～3月。

生态习性： 喜温暖、湿润气候，耐寒力较强，喜腐殖质丰富的微酸性土壤，生长期要保持半阴，冬季应有充足的光照。兰花根系与兰菌共生，否则生长不良。

繁殖： 常以分株繁殖为主，也可用播种繁殖，近些年来用组织培养方法进行繁殖，进展较快。

园林用途： 兰花叶姿飘逸，四季常青，有"看叶胜看花"的誉称。开花时花容清秀，色彩淡雅，幽香四溢，耐人寻味。兰花是中国十大传统名花之一，常盆栽布置室内。

春兰花序

春兰花

春兰花

科属：兰科兰属

形态特征：根肉质淡黄色。假鳞茎不明显。叶线形，5～7枚，比春兰叶直立而宽长，边缘常有粗锯齿，基部常对折，横切面呈"V"字形，叶脉常透明。花葶略弯曲，总状花序，着花5～13朵，花淡黄绿色，香气比春兰稍淡。花瓣较萼片稍小，唇瓣绿白色，具紫红斑点。花期4～5月。

生态习性：同春兰。

繁殖：同春兰。

园林用途：同春兰。

蕙兰植株

蕙兰花序

科属：兰科兰属

形态特征：假鳞茎椭圆形，较小。叶2～6枚丛生，长30～60 cm，宽1～1.5（2.5）cm，广线形，叶缘光滑。花葶直立，常短于叶，总状花序着花6～12朵，黄绿色乃至淡黄褐色，有暗紫色条纹，唇瓣宽圆形，三裂不明显，中裂片端钝，反卷，带黄绿色，有紫褐斑，香味浓。花期7～9月。

生态习性：耐寒力稍弱，其余同春兰。

繁殖：同春兰。

园林用途：同春兰。

建兰盆栽

建兰花序

科属：兰科兰属

形态特征：根长而粗壮，假鳞茎椭圆形。叶剑形，4～5枚丛生，叶长50～100 cm，宽可达3 cm，暗绿色，光滑，端尖，直立型。花葶常长于叶，着花10～20朵，花瓣多具紫褐色条纹。花期11月至翌年1月。

生态习性：耐寒力稍弱，其余同春兰。

繁殖：同春兰。

园林用途：同春兰。

墨兰花

303

墨兰盆栽

墨兰

兰科花卉

兰　科　　　　　　　**5**　　　　　寒兰
拉丁名：*Cymbidium kanran*

科属：兰科兰属

形态特征：叶3～7枚丛生，直立，狭线形，叶形较建兰窄，尤其基部更狭。花葶直立，较细，着花5～10朵。外花被片狭长，内花被片短而宽。唇瓣不明显3裂，黄绿色带紫斑，有黄、白、青、红、紫等花色，有香气。花期9～10（12）月。

生态习性：耐寒力稍弱，其余同春兰。

繁殖：同春兰。

园林用途：同春兰。

寒兰

寒兰盆栽

寒兰

寒兰花序

科属：兰科兰属

形态特征：多年生常绿附生型草本植物现在市场销售的品种均为经过多代人工杂交培育而来。大花蕙兰的根系发达，多为圆柱状，肉质，粗壮肥大，呈灰白色，无主根与侧根之分。假鳞茎粗大。叶扁平带状，浅绿至深绿。每盆具3～5总状花序，每花序着花6～20朵。花被片6，外轮3枚为萼片，花瓣状。内轮为花瓣，下方的花瓣特化为唇瓣。花型分为大花种和小花种，并有盆栽品种和切花品种之分，花枝造型有直立形和拱垂形两种。花色有黄、白、绿、红、粉红及复色等多种颜色，期中绿色品种多带香味。

生态习性：大花蕙兰喜冬季温暖和夏季凉爽气候，喜高湿强光，生长适温为10～25℃。喜光照充足，夏季防止阳光直射。要求通风、透气。为热带兰中较喜肥的一类。喜疏松、透气、排水好、肥分适宜的微酸性基质。花芽分化在8月高温期，在20℃以下花芽发育成花蕾和开花。

繁殖：常以分株繁殖为主，也可用播种和组织培养繁殖。

园林用途：大花蕙兰花期在春节前后，花期达2个多月，被人称为"兰花新星"，是国际花卉市场上重要的商品盆花和切花，是年宵花市场上的主角。

大花蕙兰花

大花蕙兰花

大花蕙兰组合盆栽

大花蕙兰组合盆栽

大花蕙兰花

兰科花卉

科属：兰科蝴蝶兰属

形态特征：多年生附生兰花，市场上的蝴蝶兰多为人工培育的品种。蝴蝶兰根系发达，常呈丛状，长可达50 cm，扁平如带。茎短而肥厚，没有假鳞茎，顶部有生长点，每年生长时期从顶部抽出新的叶片，下部老叶片变枯黄脱落。叶片稍肉质，常3～4枚或更多，正面绿色，背面紫色，椭圆形、长圆形或镰刀状长圆形，长10～20 cm，宽3～6 cm，先端锐尖或钝，基部楔形或有时歪斜，具短而宽的鞘。花序侧生于茎的基部，长达50 cm，不分枝或有时分枝，具数朵由基部向顶端逐朵开放的花；花色品种较多，有纯白、紫色、白花红唇、黄底红点、白底红点、白底红条纹等。

生态习性：蝴蝶兰喜高温、高湿、半阴环境，越冬温度不低于10℃。生长适温为15～28℃，冬季10℃以下就会停止生长，低于5℃容易死亡。蝴蝶兰喜欢潮湿、半阴的环境，要求空气经常保持湿度70%～80%，盆内不能淋水过多。在夏秋季节不能让阳光直射。但早上的朝阳对它生长最好，应充分加以利用。如果春季阴雨天过多，晚上要用灯管给它增加光照，以利于日后开花。

繁殖：常用组织培养法进行繁殖，也可用播种繁殖。

园林用途：蝴蝶兰因花大色艳，花形美丽别致，引来世界各国人民的关注，并赢得了"洋兰王后"的雅称，是重要的年宵花卉。

蝴蝶兰花

蝴蝶兰花

蝴蝶兰花

蝴蝶兰

蝴蝶兰花序

蝴蝶兰花序

蝴蝶兰花序

文心兰
拉丁名：*Oncidium flexuosum*

科属：兰科文心兰属

形态特征：附生兰花，植株形态变化较大，假鳞茎为扁卵圆形，较肥大，但有些种类没有假鳞茎。叶片1～3枚。一般一个假鳞茎上只有1个花茎，也有可能一些生长粗壮的有2个花茎，有些种类一个花茎只有1～2朵花，有些种类又可达数百朵。文心兰花色以黄色和棕色为主，还有绿色、白色、红色等，其花萼萼片大小相等，唇瓣通常3裂，呈提琴状，在中裂片基部有一脊状凸起物，脊上有凸起的小斑点，颇为奇特，故名瘤瓣兰。

生态习性：文心兰喜温暖、湿润和半阴环境，除浇水增加基质湿度以外，叶面和地面喷水更重要，增加空气湿度对叶片和花茎的生长更有利。

繁殖：常用分株和组织培养法进行繁殖。

园林用途：文心兰花繁叶茂，一枝花茎着生几十朵至几百朵花，极富韵味，加上花期亦长，深受人们喜欢。至今广泛用于盆花和切花。盆栽摆放在居室、窗台、阳台上，犹如一群舞女舒展长袖在绿丛中翩翩起舞，观赏起来真是妙趣横生。

文心兰组合盆栽

文心兰盆栽

307

文心兰假鳞茎

文心兰花

文心兰盆栽

兰科花卉

温室蕨类植物

　　蕨类植物又称羊齿植物，在植物进化系统中是介于苔藓植物与种子植物之间的一大类重要植物。蕨类植物没有鲜艳的花朵，然而它们那优美奇特、青翠飘逸的枝叶以及鲜艳独特的孢子囊群深受人们的喜爱。成为观赏植物的重要组成部分，不仅可盆栽观赏，也是重要的切叶植物材料。

铁线蕨科

1

铁线蕨
拉丁名：*Adiantum capillus-veneris*

科属： 铁线蕨科铁线蕨属

形态特征： 植株高15～40 cm。根状茎长而横走，密被棕色、披针形、全缘的鳞片。叶疏生，叶柄栗黑色，基部被鳞片，向上光滑，有光泽，叶片卵状三角形或长圆状卵形，二回羽状，羽片卵状三角形至长圆形，基部1对最大，一回羽裂至羽状，小羽片扇形或斜方形，外缘浅裂，裂片上侧边缘有啮蚀状钝齿，两侧近截形，向上的各对羽片渐短。孢子囊群横生于裂片顶端，每小羽片有3～8个，囊群盖长圆形至长肾形，褐色，全缘。

生态习性： 喜半阴，忌强光直射；不耐寒，也不耐高温；喜较高空气湿度和土壤湿度，不耐干旱；以疏松、肥沃、透水的沙质壤土为佳。

繁殖： 孢子繁殖或分株繁殖。

园林用途： 适合盆栽置于案头、窗台、矮柜之上观赏，或配置于山石驳岸缝隙中。

铁线蕨叶片及孢子囊群

铁线蕨植株

科属：铁角蕨科巢蕨属

形态特征：根状茎直立，粗短，木质，深棕色，先端密被鳞片。叶簇生；叶片阔披针形，渐尖头或尖头，中部最宽处为8~15 cm，向下逐渐变狭而下延，叶边全缘并有软骨质的狭边。主脉下面几全部隆起为半圆形，上面下部有阔纵沟，向上部稍隆起；小脉斜展，分叉或单一，平行。叶厚纸质或薄革质，两面均无毛。孢子囊群线形，生于小脉的上侧，自小脉基部外行约达1/2，彼此接近，叶片下部通常不育；囊群盖线形，浅棕色，厚膜质，全缘，宿存。

生态习性：喜温暖、潮湿、半阴的环境，不耐寒，不耐强光直射。

繁殖：孢子繁殖或分株繁殖。

园林用途：常盆栽布置几案。

巢蕨植株

巢蕨孢子囊群

311

温室蕨类植物

科属：肾蕨科肾蕨属

形态特征：附生或土生。根状茎直立，被蓬松的淡棕色长钻形鳞片，下部有粗铁丝状的匍匐茎和近圆形的块茎，密被与根状茎上同样的鳞片。叶簇生；叶片线状披针形或狭披针形，一回羽状，羽片多数，互生，常密集而呈覆瓦状排列，披针形，先端钝圆或有时为急尖头，基部常不对称，下侧为圆楔形或圆形，上侧为三角状耳形，几无柄，以关节着生于叶轴，叶缘有疏浅的钝锯齿，向基部的羽片渐短，长不及1 cm。叶坚草质或草质，光滑。孢子囊群成1行位于主脉两侧，肾形，生于每组侧脉的上侧小脉顶端；囊群盖肾形，褐棕色，边缘色较淡，无毛。

生态习性：喜半阴，忌强光直射；喜温暖潮湿，不耐寒，较耐旱；对土壤要求不严，以疏松、肥沃、透气、富含腐殖质的中性或微酸性沙壤土生长最为良好，耐瘠薄。

繁殖：孢子繁殖或分块茎和匍匐茎繁殖。

园林用途：盆栽点缀书桌、茶几、窗台和阳台，也可吊盆悬挂于客室和书房；其叶片也是常见的切叶材料。在园林中可作阴性地被植物或布置在墙角、假山和水池边。

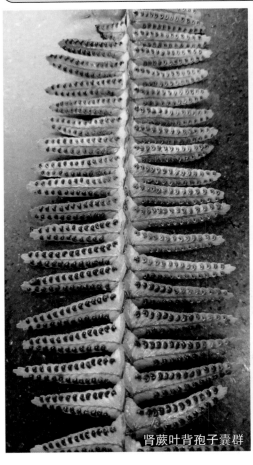

肾蕨叶背孢子囊群

肾蕨园林应用

肾蕨盆栽

科属： 鹿角蕨科鹿角蕨属

形态特征： 附生植物。根状茎肉质，短而横卧，密被鳞片。叶二型；基生不育叶(腐殖叶)宿存，厚革质，下部肉质，上部薄，直立，无柄，贴生于树干上，长宽近相等，先端不整齐3~5次叉裂，裂片近等长，圆钝或尖头，全缘，主脉两面隆起，两面疏被星状毛。正常能育叶常成对生长，下垂，灰绿色，分裂成不等大的3枚主裂片，基部楔形下延，近无柄，内侧裂片最大，多次分叉成狭裂片，中裂片较小，外侧裂片最小，裂片全缘，通体被灰白色星状毛，叶脉粗而突出。孢子囊散生于主裂片第一次分叉的凹缺处以下，不到基部，孢子绿色。

生态习性： 怕强光直射，以散射光为好；喜温暖，不耐寒；喜空气湿度高的环境；土壤以疏松的腐叶土为宜。

繁殖： 孢子繁殖或分株繁殖。

园林用途： 鹿角蕨株型奇特，大叶下垂，姿态优美，是珍奇的观赏蕨类，可作为室内及温室的悬挂植物；适用于点缀客厅、窗台、书房等处。悬吊于厅堂别具热带情趣，是少数适于室内悬挂的热带附生蕨。

鹿角蕨

鹿角蕨

313

鹿角蕨

温室蕨类植物

参 考 文 献

[1] 浙江植物志编辑委员会.浙江植物志[M].杭州：浙江科学技术出版社，1989—1993.

[2] 中国植物志编辑委员会.中国植物志[M].北京：科学出版社，1959—2005.

[3] 北京林业大学园林系教研组.花卉学[M].北京：中国林业出版社，1990.

[4] 澳门特别行政区民政总署园林绿化部，中国科学院华南植物园.澳门植物志[M].澳门：华辉印刷有限公司，2005—2007.

[5] 中国科学院华南植物研究所.广东植物志[M].广州：广东科技出版社，1987—2011.

[6] 汪远，马金双.上海植物图鉴·草本卷[M].郑州：河南科学技术出版社，2016.